Opuscules

Petite introduction à l'algorithmique

À la découverte des mathématiques du pas à pas

Pierre Damphousse

ellipses

Opuscules
collection dirigée par Pierre Damphousse

N° 1. *Découvrir l'arithmétique*, par P. Damphousse, 128 pages, 2000.

N° 2. *Pile ou Face. Une introduction aux théorèmes limites du Calcul des Probabilités*, par E. Lesigne, 128 pages, 2001.

N° 3. *La géométrie élémentaire – au fil de son histoire dans les programmes*, par J.-R. Licois, 144 pages, 2005.

N° 4. *Petite introduction à l'algorithmique. À la découverte des mathématiques du pas à pas*, par P. Damphousse, 144 pages, 2005.

Département de mathématiques
Faculté des Sciences et Techniques
Université François Rabelais
Parc de Grandmont
37200, Tours, France
damphousse@univ-tours.fr

Classification AMS : 68, 90.

ISBN 2-7298-2300-X

AVANT-PROPOS

Ce qu'est ce livre et ce qu'il n'est pas.

Cette *Petite introduction à l'algorithmique* est destinée à un spectre de lecteurs assez large, allant de l'ingénieur en fonction ou à la retraite qui veut se plonger avec un certain sérieux dans des mathématiques de son temps qu'il n'a pas apprises, à l'étudiant en mathématiques ou en informatique du premier cycle universitaire, en passant par le magistrat voulant nourrir sa retraite de l'appropriation d'un autre champ de connaissance ou par le mathématicien professionnel dont la spécialité est étrangère aux problèmes mathématiques de l'informatique. Nous ne disons pas que chacun de ces lecteurs possibles s'accaparera à terme du tout, mais nous disons que tout au long du livre, chacun pourra débusquer des idées riches et nouvelles.

Les développements sont rigoureux tout au long de l'ouvrage afin de donner une idée juste de la discipline, même si l'ouvrage est nécessairement limité sur certains points. Cependant, pour bien nourrir l'intuition du lectorat diversifié auquel il est destiné, des exemples significatifs y sont développés dans le détail, tout particulièrement au début de l'ouvrage. Le déploiement explicite d'exemples n'est pas inutile même parfois pour les gens de la spécialité parce qu'ils savent y voir autre chose ou simplement pour les besoins de l'enseignement.

Que doit savoir le lecteur pour lire ces pages ? Les prérequis à la lecture de ce livre sont la connaissance du principe de récurrence, de la notion de limite, des manipulations algébriques habituelles, allant disons jusqu'au développement du binôme de Newton (avec un exposant quelconque), et à l'occasion de quelques rudiments de probabilités et de notions élémentaires sur les séries entières. C'est tout, en sus de la motivation et de la maturité intellectuelle. Celui qui voudrait revoir les démonstrations par récurrence pourra utiliser des manuels d'enseignement, ou des classiques universels comme [11], et pour une analyse logique plus profonde, lire les paragraphe 1, 2 et 18 de [7]. Pour les besoins en probabilités, qui portent sur un petit paragraphe que les lecteurs pourront à loisir omettre, on pourra se référer à [10] ; pour une vue d'ensemble sur les séries, la plupart des manuels d'analyse de premier cycle universitaire conviendront ou encore [1].

Le livre commence par quelques pages d'introduction du sujet et des remarques historiques pour orienter le lecteur.

Puis après un chapitre sur les algorithmes de tri, où un soin particulier est donné à l'élaboration d'exemples exécutés pas à pas, chapitre dont le but est de faire découvrir l'algorithmique de base, le livre présente les idées essentielles de la programmation dynamique — la programmation dynamique étudie les algorithmes pour les problèmes dont la complexité est due à la redondance des tâches.

Suit ensuite un chapitre sur les algorithmes gloutons, qui sont des algorithmes d'optimisation locale ; au passage, on mentionne des perturbations puissantes des algorithmes d'optimisation locale comme le recuit simulé, les algorithmes génétiques ou les recherches taboues.

Le livre se termine par un bref chapitre sur la notion de problèmes difficiles (en un sens technique que nous préciserons) : c'est la théorie classique de la complexité. L'ensemble se limite à ce choix déjà substantiel pour une *Petite introduction à l'algorithmique*.

Le concept central en algorithmique est celui de complexité ; on classe par exemple les algorithmes suivant leur complexité. Mentionnons aux lecteurs qu'il y a en amont de la théorie de la complexité la théorie de la calculabilité qui étudie la question suivante : quels sont les problèmes pour lesquels il existe une solution algorithmique, c'est-à-dire, quelles sont les fonctions $\mathbb{N} \to \mathbb{N}$ descriptibles par un algorithme (*i.e.* les fonctions calculables en soi, quelle qu'en soit la difficulté) ? Il ne sera pas question de la théorie de la calculabilité dans cet ouvrage, si ce n'est que marginalement dans les notes historiques.

Une autre chose qu'on ne trouvera pas dans ce petit livre est un tour d'horizon des algorithmes numériques ou d'autres algorithmes à buts spécifiques. Seuls les algorithmes de tri font l'objet d'une attention plus particulière, mais au seul titre d'introduire les notions de base par des exemples, et encore, nous ne traitons pas des méthodes de tri, mais en particulier de quelques algorithmes choisis. Ce petit livre porte seulement sur une partie des mathématiques de la complexité des algorithmes (disons l'« *algorithmique classique* », par opposition à la « *théorie de la complexité du point de vue de la théorie de l'information* »).

Encore autre chose que le lecteur ne trouvera pas ici : ce livre n'est pas un livre de programmation, et aucune connaissance en programmation n'est réellement prérequise puisque l'ouvrage fournit au fur et à mesure les maigrissimes besoins en la matière. Les questions de choix de structures de données (*v.g.* tableaux, pointeurs, etc.) n'y sont pas traitées.

Ce livre est un livre de mathématiques et d'informatique théorique, et même s'il est destiné à un lectorat étendu (mais averti), comme tous les ouvrages d'étude, fût-ce à un niveau élémentaire, il est à lire en prenant le temps et les moyens d'assimiler ce que l'on y découvre. Ainsi le papier, le crayon et la réflexion sont nécessaires, même si on l'étudie « en buvant un crème au Rostand » (nul besoin d'un ordinateur). En particulier, cela signifie tenacité et efforts (plus de la confiance en soi) : la connaissance est à ce prix.

Trois types de notes accompagnent le texte des *Opuscule*. Le livre se termine par des notes biographiques, alors que des notes bibliographiques pointues figurent en notes liminaires, et que des notes historiques terminent parfois les paragraphes de l'ouvrage. Le but de ces notes, et en particulier des notes bibliographiques, est de donner aux lecteurs un sens de la perspective : beaucoup d'idées sont celles de nos prédécesseurs, parfois lointains, et d'hommes et de femmes d'horizon très différents, actifs dans les mêmes aventures que nous. La collection *Opuscules* a pour *Credo* la rigueur mathématique à un niveau annoncé, l'ouverture et la sensibilisation à l'Histoire. Une bibliographie accompagne l'ouvrage pour proposer des lectures d'accompagnement de quelques thèmes abordés.

Nous espérons que le lecteur trouvera ici le plaisir de la découverte d'un sujet jeune et vigoureux, si contemporain qu'il eût été impossible d'écrire la quasi totalité du livre il y a quelques décénies, et en même temps profondément enraciné dans l'Histoire des mathématiques.

Finalement, l'auteur remercie Nathalie Faure, Monique Halin, Christine & Nicolas Juge, René Guitart, Jacques Laforest, Emmanuel Lesigne, Marc Peigné et Pascal Wattiaux pour une lecture attentive (partielle ou totale) du manuscrit, la correction de nombreuses coquilles et des suggestions constructives diverses.

Bonne et fructueuse lecture !

Tours, octobre 2004

Table des matières

0. À la découverte de l'algorithmique

0.1. Qu'est que l'algorithmique ? — L'algorithmique est l'étude mathématique des *algorithmes*. Mais qu'est-ce donc qu'un algorithme ? algorithme Tel Monsieur Jourdain qui parle en prose, tout le monde exécute nombre d'algorithmes dans sa vie, et les algorithmes élémentaires de la vie courante sont les toutes premières choses que l'on apprend à l'école. Voici un exemple.

$\overset{1}{1}\overset{1}{2}7$	« Sept et neuf font seize ; je pose six, je retiens un ; un et deux
$+\ \underline{\ 99}$	font trois, et neuf, douze ; je pose deux, je retiens un ; un et un
226	font deux ; je pose deux. »

Dites à haute voix « la petite chanson » de ce que vous faites en additionnant 127 et 99 (écrits en base 10), ainsi que vous l'avez appris à l'école primaire, et vous vous entendrez exécuter un algorithme. Vous exécutez souvent des algorithmes tout comme Monsieur Jourdain parlait en prose. Citons ici les première lignes du magnifique ouvrage collectif « *Histoire d'algorithme, du caillou à la puce* » (voir [2]), qui retrace entre autres l'histoire de ces algorithmes de calcul, très liés à la représentation des nombres dans l'activité humaine :

> « Bien avant l'apparition d'un terme particulier servant à les désigner, les algorithmes existaient déjà, profondément ancrés dans le désir de transmettre des moyens efficaces pour obtenir certains résultats en partant de certains ingrédients et en les transformant selon des directives simples, appliquées systématiquement étape par étape. Il pouvait s'agir de procédures juridiques ou mathématiques, comme chez les Babyloniens, de procédés mnémotechniques, comme chez les Grecs, de règles linguistiques, comme chez les grammairiens romains et, dans toutes les civilisations, de recettes divinatoires, médicales, culinaires... De nos jours encore, tout le monde utilise des algorithmes sans le savoir, les adeptes du tricot, les praticiens du verlan, ou plus simplement les utilisateurs d'appareils électroménagers. »

Il ne faut pas croire que les petits algorithmes numériques de la vie quotidienne sont faciles et représentent peu. L'humanité a mis des siècles pour les mettre au point. Ils nous servent ici de point de départ pour présenter la notion d'algorithme.

Dans l'exemple de l'addition 127 + 99, avec une donnée de départ, on exécute des *instructions* de réécriture, *séquentiellement*, *mécaniquement* (sans considérer le sens des objets), *chacune sur le résultat laissé par l'exécution de l'instruction précédente.*

La première instruction est d'aligner à droite les écritures décimales des nombres à additionner. Ensuite, en puisant dans des tables apprises par cœur, on se donne l'écriture de 7 + 9, on pose les unités, on retient les dizaines, etc. Vous exécutez ainsi séquentiellement une suite d'instructions sur les données de départ —les écritures décimales des nombres, et l'exécution de ces instructions *se termine* après un certain nombre *fini* d'étapes. Ce que vous faites en exécutant ces instructions est de déployer l'écriture en base 10 de la somme de 127 et de 99. Tout au long du processus, les instructions sont exécutées en fonction des résultats laissés par les précédentes instructions (*v.g.* on tient compte des retenus). Jamais on ne réfléchit au sens de 127 et à celui de 99 au cours de l'exécution : celle-ci est *mécanique*. Tous les lecteurs de cet ouvrage d'initiation ont appris à exécuter des suites d'opérations qui conduisent, à partir des écritures décimales de deux nombres a et b, à l'écriture décimale de leur produit, de leur différence, de leur quotient $\frac{a}{b}$ (si $b \neq 0$) avec un nombre donné de décimales, et certains des plus anciens savent même calculer l'écriture décimale de $\sqrt{a}$ avec une précision voulue.

Cet exemple simple de Monsieur Quiconque est suffisant pour présenter une définition assez exacte d'un algorithme : c'est une suite déterministe d'opérations, les instructions, à faire sur un jeu de données, chaque instruction se faisant sur le jeu de données en l'état où l'a laissé l'instruction précédente. On dit que l'algorithme *converge* à partir d'une donnée quand la séquence d'instructions s'arrête lorsque son exécution démarre avec cette donnée, sinon on dit qu'il *diverge* à partir de cette donnée. Bref, un algorithme est une planification exacte d'opérations, une sorte de « recette ».

convergence

divergence

Donc, *l'algorithmique* est l'étude mathématique des séquences d'instructions à exécuter sur un jeu de données (éventuellement vide), ou dit autrement, l'*algorithmique* est la branche des mathématiques du pas à pas.

D'aucuns vont de suite se demander ce que diantre on peut bien mener comme réflexion sur ce sujet ! Pour répondre à cette question, la première chose est de sentir ce que pèse le mot *complexité*, comprendre que les machines les plus puissantes peuvent être absolument dérisoires et que ce n'est pas une question de « technologie ».

complexité

C'est en se brûlant le bout des doigts que l'on commence à apprendre, telle la main du petiot qui touche le fer à repasser nickelé de sa maman, lequel pourtant n'émet pas beaucoup de chaleur, comme s'il n'était pas chaud !

Il peut se trouver qu'un algorithme se réduise à fort peu d'instructions, que chacune soit très simple, mais que leur enchaînement soit infernal. C'est le cas, par exemple, de la fonction d'ACKERMANN et PÉTER qui à deux entiers naturels m et n en associe un troisième, comme le fait l'addition. On note $\psi(m,n)$ cet entier. Cette fonction est donnée par les trois petites règles suivantes :

fonction d'Ackermann et Péter

$$\begin{array}{lrcl} 1. & \psi(0,n) & = & n+1 \\ 2. & \psi(m+1,0) & = & \psi(m,1) \\ 3. & \psi(m+1,n+1) & = & \psi(m,\psi(m+1,n)) \end{array}$$

Elle est décrite en français par l'algorithme suivant :

1. Si le premier paramètre est 0, on ajoute 1 au second ;
2. Si le premier paramètre n'est pas 0, mais que le second l'est, alors on diminue le premier paramètre de 1, on remplace le second par 1, et on recommence le calcul.
3. Si aucun des deux paramètres n'est 0, on commence par effectuer l'algorithme en diminuant le second paramètre de 1 (c'est $\psi(m+1,n)$ —disons que c'est l'exécution A, puis on effectue à nouveau l'algorithme après avoir diminué le premier paramètre de 1 et avoir remplacé le second par la valeur laissée par l'exécution A.

C'est une séquence d'instructions facile à décrire, chacune très simple, mais le jeu de piste qui en résulte est lui hautement labyrinthique. Pour calculer $\psi(1,1)$ on a :

$$\begin{array}{rll} \psi(1,1) & \overset{\text{instruction 3.}}{=} \psi(0,\psi(1,0)) & \quad \ldots\ldots (1) \\ & \overset{\text{instruction 2.}}{=} \psi(0,\psi(0,1)) & \quad \ldots\ldots (2) \\ & \overset{\text{instruction 1.}}{=} \psi(0,2) & \quad \ldots\ldots (3) \\ & \overset{\text{instruction 1.}}{=} 3 & \quad \ldots\ldots (4) \end{array}$$

Voici le calcul légèrement plus compliqué de $\psi(2,2)$; il nécessite 27 instructions.

$$\begin{array}{rll} \psi(2,2) & \overset{\text{instruction 3.}}{=} \psi(1,\psi(2,1)) & \quad \ldots\ldots (1) \\ & \overset{\text{instruction 3.}}{=} \psi(1,\psi(1,\psi(2,0))) & \quad \ldots\ldots (2) \\ & \overset{\text{instruction 2.}}{=} \psi(1,\psi(1,\psi(1,1))) & \quad \ldots\ldots (3) \\ & \overset{\text{instruction 3.}}{=} \psi(1,\psi(1,\psi(0,\psi(1,0)))) & \quad \ldots\ldots (4) \end{array}$$

$$\overset{\text{instruction 2.}}{=} \psi(1, \psi(1, \psi(0, \psi(0, 1)))) \qquad \ldots.(5)$$
$$\overset{\text{instruction 1.}}{=} \psi(1, \psi(1, \psi(0, 2))) \qquad \ldots.(6)$$
$$\overset{\text{instruction 1.}}{=} \psi(1, \psi(1, 3)) \qquad \ldots.(7)$$
$$\overset{\text{instruction 3.}}{=} \psi(1, \psi(0, \psi(1, 2))) \qquad \ldots.(8)$$
$$\overset{\text{instruction 3.}}{=} \psi(1, \psi(0, \psi(0, \psi(1, 1)))) \qquad \ldots.(9)$$
$$\overset{\text{instruction 3.}}{=} \psi(1, \psi(0, \psi(0, \psi(0, \psi(1, 0))))) \qquad \ldots(10)$$
$$\overset{\text{instruction 3.}}{=} \psi(1, \psi(0, \psi(0, \psi(0, \psi(0, 1))))) \qquad \ldots(11)$$
$$\overset{\text{instruction 1.}}{=} \psi(1, \psi(0, \psi(0, \psi(0, 2)))) \qquad \ldots(12)$$
$$\overset{\text{instruction 1.}}{=} \psi(1, \psi(0, \psi(0, 3))) \qquad \ldots(13)$$
$$\overset{\text{instruction 1.}}{=} \psi(1, \psi(0, 4)) \qquad \ldots(14)$$
$$\overset{\text{instruction 1.}}{=} \psi(1, 5) \qquad \ldots(15)$$
$$\overset{\text{instruction 3.}}{=} \psi(0, \psi(1, 4)) \qquad \ldots(16)$$
$$\overset{\text{instruction 3.}}{=} \psi(0, \psi(0, \psi(1, 3))) \qquad \ldots(17)$$
$$\overset{\text{instruction 3.}}{=} \psi(0, \psi(0, \psi(0, \psi(1, 2)))) \qquad \ldots(18)$$
$$\overset{\text{instruction 3.}}{=} \psi(0, \psi(0, \psi(0, \psi(0, \psi(1, 1))))) \qquad \ldots(19)$$
$$\overset{\text{instruction 3.}}{=} \psi(0, \psi(0, \psi(0, \psi(0, \psi(0, \psi(1, 0)))))) \qquad \ldots(20)$$
$$\overset{\text{instruction 2.}}{=} \psi(0, \psi(0, \psi(0, \psi(0, \psi(0, \psi(0, 1)))))) \qquad \ldots(21)$$
$$\overset{\text{instruction 1.}}{=} \psi(0, \psi(0, \psi(0, \psi(0, \psi(0, 2))))) \qquad \ldots(22)$$
$$\overset{\text{instruction 1.}}{=} \psi(0, \psi(0, \psi(0, \psi(0, 3)))) \qquad \ldots(23)$$
$$\overset{\text{instruction 1.}}{=} \psi(0, \psi(0, \psi(0, 4))) \qquad \ldots(24)$$
$$\overset{\text{instruction 1.}}{=} \psi(0, \psi(0, 5)) \qquad \ldots(25)$$
$$\overset{\text{instruction 1.}}{=} \psi(0, 6) \qquad \ldots(26)$$
$$\overset{\text{instruction 1.}}{=} 7 \quad \text{(ouf !)} \qquad \ldots(27)$$

Le lecteur notera que l'instruction 1, la seule sortie du labyrinthe, a été utilisée 12 fois pour arriver à 7. Il se trouve que l'utilisation de l'instruction 1 croît plus rapidement que la valeur finale. Nous verrons dans quelques lignes que cela est fort lourd de conséquences ...

Il vient immédiatement à l'esprit qu'on pourrait améliorer l'algorithme en notant dynamiquement en cours de route les résultats intermédiaires comme $\psi(1, 1)$ (calculé plus haut) ou encore $\psi(1, 2)$. Cela est vrai pour le calcul de $\psi(2, 2)$, mais ce n'est, pour les valeurs générales $\psi(u, v)$, strictement d'aucune utilité comme on va le remarquer maintenant (voir le paragraphe

2 sur la programmation dynamique pour ce qui est de détecter les situations où le stockage des résultats intermédiaires a du sens). Les courageux pourront vérifier à la main que $\psi(2,3) = 9$, $\psi(3,1) = 13$, $\psi(3,2) = 29$, $\psi(3,5) = 61$ (prévoir de grandes feuilles !) ; mais s'ils veulent ajouter une autre colonne au tableau en calculant les $\psi(4,\ldots)$, leur entêtement sera inutile. La situation devient en effet cataclysmale.

Il n'est pas difficile de montrer (exercice !) que

$$\psi(4,y) = \underbrace{2^{2^{2^{\cdot^{\cdot^{\cdot^{2}}}}}}}_{y+3 \text{ fois}} - 3$$

Ainsi, $\psi(4,1) = 2^{2^{2^2}} - 3 = 2^{16} - 3 = 65533$, et $\psi(4,2) = 2^{65536} - 3$; il est clair que l'instruction 1 est exécutée au moins ce nombre-là de fois, voire en fait beaucoup plus ; ce nombre est un entier de 19729 chiffres décimaux !

Quant à $\psi(4,3)$ —calcul abyssal !—, c'est à s'évanouir ; si A est $\psi(4,2) = 2^{65536} - 3$, c'est-à-dire un certain nombre entier de 17949 chiffres décimaux (dont la seule écriture prendrait plusieurs pages de ce livre), alors

$$\psi(4,3) = \underbrace{2^{2^{2^{\cdot^{\cdot^{\cdot^{2}}}}}}}_{A+3 \text{ fois}} - 3;$$

c'est un nombre bien supérieur au nombre d'atomes dans l'univers connu au point que le nombre d'atomes dans l'univers est impensablement petit par rapport à $\psi(4,3)$! Si on songe que le nombre d'exécutions de l'instruction 1 croît bien plus vite que le résultat, on comprend que rien n'est possible, même si on note les résultats intermédiaires. Et pourtant, ψ est définie le plus simplement du monde, et on construit sa valeur calmement par des incrémentations (instruction 1) faites ici et là !

Quant aux valeurs de $\psi(m,n)$ pour de grandes valeurs de m et n, leur description semble même au delà des possibilités du langage. Il ne sera jamais possible de penser à factoriser des impensables comme $\psi(\psi(p), \psi(p))$ (p premiers) en nombres premiers ... Il y a loin de la coupe aux lèvres.

Devant ce maître colossal gentil dans sa présentation au point de donner à d'aucuns l'envie de le toiser à la main, le super calculateur électronique du lecteur est modestement assis sur le même banc que le bâton à encoches de l'homme préhistorique, et il se fait tout petit !

Le mot central de toute l'algorithmique vient de bondir avec brutalité complexité au premier plan : *la complexité*. Complexité d'exécution en temps et en mémoire.

L'algorithmicien a deux préoccupations quand il examine un algorithme. Il doit premièrement montrer que l'algorithme s'arrêtera sur les données qu'on lui soumettra, et qu'alors il s'arrêtera sur le bon résultat. convergence C'est le problème de la *convergence* . Il doit ensuite mesurer la complexité d'exécution de cet algorithme, c'est-à-dire sa gourmandise en temps et en mémoire. C'est le problème de la complexité.

De plus, dans un cas où la complexité d'exécution (en temps ou en mémoire ou les deux) est trop grande, il doit chercher des algorithmes d'approximation qui donnent des solutions acceptables avec des ressources de mémoire raisonnables en des temps raisonnables. C'est le vaste sujet des algorithmes d'approximation *algorithmes d'approximation* (sous-paragraphe 4.6 page 111).

Ces quelques lignes simples permettent de comprendre le pourquoi de l'algorithmique. La prise en main du sujet doit d'abord se faire en s'attaquant à mains nues aux algorithmes « classiques » pour fixer les bases ; l'algorithmique s'apprend en exécutant à la main des algorithmes, comme le piano s'apprend sur un clavier et pas seulement en lisant. Il faut laborieusement commencer par les gammes et les « petits morceaux ».

0.2. Autour des mots « algorithme » et « algorithmique » —

D'où vient le mot *algorithme* ? Nous citons le *Robert*, dictionnaire historique de la langue française (éd. 1998) :

> « n. m. désigne d'abord, sous la forme *augorisme* (XIIIe siècle), le calcul en chiffres, l'arithmétique. Ces formes viennent de l'ancien espagnol *algorismo*, alors que la forme moderne calque le latin médiéval *algorithmus*, altération sous l'influence de *arithmetica* du nom du grand mathématicien arabe HWĀRIZMĪ[0.1] (originaire du *Hwārizm*, au sud de la mer d'Aral), inventeur du terme qui a donné *algèbre*.
> ◇ Le mot a d'abord désigné l'arithmétique élémentaire et ses règles. Il s'est spécialisé au XXe siècle au sens de « suite de règles opératoires explicites » avec une diffusion importante après 1960, grâce à l'informatique.
> ▷ Le dérivé ALGORITHMIQUE adj. (1845) a suivi l'évolution du nom et s'applique (mil. XXe s.) à ce qui utilise les algorithmes. »

0.1 Une autre translittération est « AL-KHWĀRIZMI ».

Les premiers algorithmes proprement mathématiques sont sûrement apparus en faisant corps avec les premières mathématiques, dans le cadre de problèmes techniques ou de transactions commerciales.

À une époque sans doute beaucoup plus tardive, apparaît le plus célèbre des algorithmes connu comme tel : l'*algorithme d'*EUCLIDE. Un autre algorithme assez explicite de l'arithmétique élémentaire qui remonte à l'Antiquité est le *crible d'*ÉRATHOSTÈNE qui permet d'énumérer les nombres premiers d'au plus une certaine valeur ; on trouvera dans [7] les descriptions des ces algorithmes. Ajoutons à ces exemples de l'histoire de l'arithmétique, que les démonstrations de la géométrie élémentaire sont souvent constructives, et que lesdites constructions sont de véritables algorithmes.

Les réflexions sur les algorithmes se sont développées principalement au XXe siècle, d'abord avec les réflexions sur le fondement des mathématiques, puis ensuite avec l'avènement de l'informatique. Ainsi *Le nouveau Larousse encyclopédique* (éd. 2000) donne la définition suivante, liant la notion d'algorithme à la notion de machine comme cela est le cas depuis les premières réflexions sur le fondement des mathématiques :

> « On appelle algorithme tout processus qui décompose une tâche globale en un nombre fini d'actions élémentaires (les *primitives*), susceptibles d'être effectuées par l'entité à laquelle en sera confiée l'exécution (le *processeur*), et qui en décrit explicitement l'ordonnancement temporel. »

Il est intéressant de comparer cette définition contemporaine à celle de l'*Encyclopédie* de d'Alembert :

> « Terme Arabe, employé par quelques auteurs, et singulièrement par les espagnols, pour signifier la pratique de l'algèbre. Il se prend aussi quelque fois pour l'arithmétique par chiffres... Le même mot se prend en général, pour désigner la méthode et la notation de toute espèce de calcul. En ce sens, on dit l'algorithme du calcul intégral, l'algorithme du calcul exponentiel, l'algorithme des sinus, etc.. »

Le terme *algorithme*, ainsi que nous le comprenons maintenant, a donc un sens récent et est à ce titre un terme jeune. La raison en est double. En premier lieu, la notion correcte ne pouvait avoir de sens avant les questions de fondements au début du XX-ième siècle, avec en particulier les questions sur les mathématiques constructives. En second lieu, une masse énorme d'algorithmes trop compliqués pour être exécutés à la main a vu le jour avec l'avènement et le développement des calculateurs à haute vitesse dans la seconde moitié du XX-ième siècle. La notion actuelle d'algorithme ne pouvait se fixer sans ces deux évènements, et l'algorithmique ne pouvait naître avant eux puisque les questions de calculabilité et les problèmes liés aux effets concrets des tâches d'une grande complexité n'ont pu être perceptibles, voire même avoir du sens, avant eux.

NOTE HISTORIQUE. — « La fonction d'ACKERMANN et PÉTER » est d'abord apparue en logique mathématique dans la recherche d'une description des fonctions calculables connue aujourd'hui sous le nom de *théorie des fonctions récursives*.

En voici l'histoire. ACKERMANN proposa en 1928[0.2] la fonction ci-dessous comme exemple de fonction calculable non récursive primitive (la notion de *fonction récursive primitive* est une notion technique de la théorie de la calculabilité, un sujet qui nous amènerait dans des contrées trop éloignées) :

$$\begin{aligned} A(0,0,y) &= y \\ A(0,x+1,y) &= A(0,x,y)+1 \\ A(1,0,y) &= 0 \\ A(z+2,0,y) &= 1 \\ A(z+1,x+1,y) &= A(z,A(z+1,x,y),y). \end{aligned}$$

La mathématicienne hongroise méconnue RÓZSA PÉTER en dériva en 1935 une fonction semblable ; la fonction simplifiée qu'elle proposa est

$$\begin{aligned} P(0,y) &= 2y+1 \\ P(x+1,0) &= P(x,1) \\ P(x+1,y+1) &= P(x,P(x+1,y)) \end{aligned}$$

Cette fonction et son importance sont présentées dans son livre « *Rekursive Funktionen* » qui fonde la théorie moderne des fonctions récursives[0.3] . C'est cette fonction, légèrement simplifiée en 1948 par Raphaël Mitchel ROBINSON, qui changea la ligne $P(0,y) = 2y+1$ en $P(0,y) = y+1$, qui est aujourd'hui très souvent (et très improprement) appelée seulement « *fonction d'Ackermann* ».

Ceux qui veulent faire plus ample connaissance avec ψ, monstre de la récursivité s'il en est, et comprendre son intétrêt en logique mathématique, pourront consulter la traduction anglaise de l'ouvrage fondateur de RÓSZA PÉTER (1967)[0.4] où il est essentiellement démontré que $\psi(n,n)$ croît plus vite

---

[0.2] Ackermann W.ilhelm, *Zum Hilbertschen Aufbau der rellen Zahlen*, Math. Annalen, 99, 1-2, pp. 118-133.

[0.3] Péter, Rósza, *Rekursive Funktionen*, Akadémiai Kiadó, Budapest, 1951.

[0.4] Péter, Rósza, *Recursive Functions*, 3rd ed., Academic Press, New-York, 1967.

que n'importe quelle fonction récursive primitive. Disons simplement qu'il est extrêmement probable que toutes les fonctions $\mathbb{N} \to \mathbb{N}$ qu'un mathématicien Lambda utilise dans sa carrière (y compris un théoricien des nombres) sont récursives primitives ; cela en dit long sur ψ qui, sur la diagonale de $\mathbb{N}^2$, croît donc plus vite que toutes les les fonctions $\mathbb{N} \to \mathbb{N}$ de ce mathématicien Lambda.

La fonction d'ACKERMANN et PÉTER est aussi connue en informatique où elle sert d'étalon (« *benchmark* ») dans les mesures d'efficacité de l'optimisation des compilateurs. Par exemple, on peut mesurer le nombre d'auto-appels et la profondeur de ceux-ci sur une évaluation de $\psi(3, 6)$, qui nécessite 172 233 auto-appels allant jusqu'à une profondeur de 511 dans la pile des appels. Un compilateur optimisé capable de décider de stocker dans des tables les résultats de certains appels de basses profondeurs (profondeurs dynamiquement calculées) pour des calculs de $\psi(3, n)$ $(n \leq 30)$ arriverait à produire un code dont le temps d'exécution serait divisé par environ 10^5 pour le calcul de $\psi(3, 30)$.

1. Les algorithmes de tri

1.1. Introduction — Ce paragraphe présente les algorithmes de base formant le minimum de toutes les formations en informatique, dans lesquelles ils offrent l'occasion de bons exercices de programmation. Ils offrent aussi l'occasion de découvrir les tâches basiques de l'algorithmique : la *mesure de la complexité* et la *démonstration de la convergence*. Pour certains d'entre eux, ils permettent en plus de se familiariser avec la *récursivité*. On récursivité étudiera ici le tri par insertion, le tri par fusion, le tri rapide, la tri par tas, et des algorithmes de tris non comparatifs. C'est en se familiarisant avec ce premier jeu d'algorithmes que le lecteur prendra progressivement la mesure des notions et des objectifs de base de l'algorithmique.

Ce paragraphe n'est qu'un très mince échantillonnage de l'ensemble des algorithmes de tri ; Dans [9], plus d'une trentaine d'algorithmes sont analysés avec finesse, et il faut ajouter à ces algorithmes bon nombre d'autres dont l'étude est donnée en exercice. Notre objectif sera atteint si le lecteur, même avec un mince bagage mathématique, entrevoit la richesse du sujet et y découvre les questions de base de l'algorithmique.

Glissons un petit mot sur le « langage » dans lequel nous allons *spécifier formellement* nos algorithmes ; nous allons parler en « *pseudo-Pascal* » (du langage de programmation Pascal), c'est-à-dire que nous allons, avec des accomodements pertinents, écrire nos instructions en utilisant la structure et les mots réservés du langage de programmation Pascal. Pour ceux qui ne connaissent pas, ça n'a rien d'inquiétant. Ce langage, du moins pour l'usage que nous en ferons, est presque « évident en lui-même », et au besoin, nous ajouterons quelques commentaires. Il suffit simplement de savoir que « := » signifie « devient égal à » ; le reste ira de soi. Par exemple

$$\underline{\texttt{if}}\ x > 0\ \underline{\texttt{then}}\ y := x + 1\ \underline{\texttt{else}}\ y := x - 1\ ;$$

signifie « si x est strictement positif, alors y devient égal à $x + 1$, sinon y devient égal à $x - 1$. » Les lecteurs intéressés pourront consulter un manuel classique de *Pascal* comme [6] ou plus professionnellement [8].

Un algorithme de tri prend en données de départ une séquence d'entités qui peuvent être rangées suivant un certain ordre, et il s'arrête sur une nouvelle séquence faite des entités de départ rangées en ordre croissant, telle par exemple une liste de noms d'élèves que l'on transforme en la liste des mêmes noms rangés par ordre alphabétique. Pour se focaliser sur l'essentiel, on supposera en toute généralité que les entités à ranger sont des nombres à mettre en ordre croissant. Les variations de représentations en machine des entités suivant leur nature (des nombres, des noms, des structures complexes) relèvent de la programmation et non de l'algorithmique. Les raisonnements que nous allons tenir n'en dépendent pas.

On suppose dans tous nos algorithmes que les données peuvent être stockées et traitées en mémoire ; dans ce cas, on parle d'algorithmes de
tri interne *tri interne*. Par opposition, les algorithmes de tris qui nécessitent des accès importants à des supports externes (comme des disques durs ou des bandes magnétiques), parce que les données sont gigantesques, sont appelés algo-
tri externe rithmes de *tri externe*. L'étude des algorithmes de tri externe est hors de nos objectifs car ces algorithmes nécessitent des considérations techniques qui n'ont pas leur place dans une « *Petite introduction à l'algorithmique* ».

1.2. Le tri par insertion —

C'est essentiellement ce que fait le joueur de cartes qui trie une main. C'est la méthode la plus élémentaire, consistant, élément par élément de la séquence à traiter, à déplacer un élément à gauche jusqu'à « sa place ».

Imaginons par exemple la séquence $\langle 3, 5, 2, 9, 7 \rangle$.

1. On choisit le deuxième élément $\langle 3, \mathbf{5}, 2, 9, 7 \rangle$ et on le glisse à gauche tant qu'il a sur sa gauche des nombres strictement plus grands que lui-même.

Ici, comme il n'y a à gauche de 5 que 3, qui est strictement plus petit que 5, il ne se passe rien. L'important est que la sous-séquence des deux premiers éléments est ordonnée après cette « opération » (sans effet ici).

2. On choisit le troisième élément de la séquence résultante $\langle 3, 5, \mathbf{2}, 9, 7 \rangle$ et on le glisse à gauche tant qu'il a sur sa gauche des nombres strictement plus grands que lui-même. Il passe alors à gauche de 5 et de 3, ce qui donne la nouvelle séquence $\langle \mathbf{2}, 3, 5, 9, 7 \rangle$. L'important est que la sous-séquence des trois premiers éléments est maintenant ordonnée.

3. On choisit le quatrième élément de la séquence résultante $\langle 2, 3, 5, \mathbf{9}, 7 \rangle$, et on le glisse à gauche tant qu'il a sur sa gauche des nombres strictement plus grands que lui-même. Ici, il ne se passe rien. L'important est (encore) que la sous-séquence des quatre premiers éléments est maintenant ordonnée à l'issue de cette opération « vide ».

4. On choisit le cinquième élément de la séquence résultante $\langle 2, 3, 5, 9, \mathbf{7} \rangle$. Puis à nouveau, on glisse l'élément choisi à gauche tant qu'il s'y trouve un élément strictement plus grand ; le 7 passe à gauche du 9 et s'arrête. Cela donne $\langle 2, 3, 5, \mathbf{7}, 9 \rangle$.

Il n'y a pas de sixième élément. On arrête donc là. En résumé, les éléments plus légers « montent » un par un progressivement à gauche, ce qui revient à faire « descendre » les plus lourds vers la droite.

Après avoir décrit informellement l'algorithme sur cet exemple simple mais tout à fait général, on en fait une description plus technique. C'est ici que l'on utilise notre *pseudo-Pascal*. On se donne la séquence de nombres dans un tableau

```
A : A[1], A[2], ..., A[n]
```

que l'on note simplement `A[1..n]`. On se donne aussi deux variables `i` et `j` servant d'indice au tableau `A`, et une variable « utilitaire » `x` pour noter la valeur de l'élément marqué pendant qu'on glisse ses voisins à droite (ce qui revient à dire qu'on le glisse à gauche). Pour alléger la présentation, on remplace ici les délimiteurs `begin` ... `end` de Pascal par des crochets. Le tri par insertion est alors spécifié par :

```
[for j := 2 to n do
[       [x := A[j] ;   i := j-1 ;
[       [while(i>0 andA[i]>x) do
[       [      [A[i+1] := A[i] ;   i := i-1 ;
[       [A[i+1] := x ;
[
```

Le lecteur est invité à exécuter cette suite d'instructions sur l'exemple précédent.

Cette spécification contient une boucle <u>`for`</u> dont le contenu est exécuté $(n-1)$ fois. À l'intérieur de cette boucle se déploie une boucle <u>`while`</u> dont le contenu, exécuté à chaque passage dans la boucle <u>`for`</u>, est exécuté au plus $(n-1)$ fois. Le nombre des instructions d'affectation, qui forment tout le reste du programme, est donc au plus proportionnel à $(n-1)^2$; quand n est grand, ceci est d'ordre de grandeur n^2. On dit que le tri par insertion a une complexité en $O(n^2)$ (lire « grand oh de n deux »). Nous expliquons cela plus loin, ainsi que d'autres notations.

Une autre remarque importante est, comme disent les algorithmiciens, que le tri par insertion se fait « *sur place* ». Cela veut dire que le tri se fait essentiellement avec la mémoire utilisée pour la donnée de départ, c'est-à-dire que la quantité de mémoire utilisée en sus de la donnée de départ est toujours la même. Ici, seuls trois « emplacements mémoire » sont utilisés en sus des emplacements réservés pour le tableau `A` : les emplacements pour `x`, `i` et `j`.

Une autre propriété du tri par insertion est que les éléments égaux dans la donnée de départ conservent leur ordre relatif : on dit que ce tri est *stable*.

tri stable

notations de comportement asymptotique

Le moment est venu d'expliquer la notation $O(n^2)$ ainsi que d'autres notations du même type utilisées pour mesurer un ordre de complexité ; ces notations sont appelées *notations de comportement asymptotique*.

- La notation $O(f(n))$ (« grand oh de $f(n)$) » : Une fonction $g(n)$ est dite $O(f(n))$ s'il existe un entier N et une constante positive c tels que pour $n > N$ on ait $0 \leq g(n) \leq cf(n)$. Par exemple, $(n-1)^2$ est $O(n^2)$, et $g(n) = n$ l'est aussi. $g(n)$ est $O(f(n))$ ne veut pas dire que $g(n)$ s'approche asymptotiquement de $f(n)$, mais seulement qu'au delà de certaines valeurs de son argument, $g(n)$ est dominé par un certain multiple de $f(n)$. En d'autres termes, on sait seulement que les rapports $\frac{g(n)}{f(n)}$ sont définis et restent bornés pour les valeurs de n au delà d'un certain N.

- La notation $\Omega(f(n))$ (« oméga de $f(n)$) » : Une fonction $g(n)$ est dite $\Omega(f(n))$ s'il existe un entier N et une constante positive c tels que pour $n > N$ on ait $g(n) \geq cf(n)$.

- La notation $\Theta(f(n))$ (« thèta de $f(n)$) » : Une fonction $g(n)$ est dite $\Theta(f(n))$ si elle est $O(f(n))$ et $\Omega(f(n))$, c'est-à-dire s'il existe des constantes c_1 et c_2 et un entier N tels que pour $n > N$ on ait $c_1 f(n) \leq g(n) \leq c_2 f(n)$.

- Finalement, la notation $o(f(n))$ (« petit oh de $f(n)$) ») : $g(n)$ est $o(f(n)$ signifie que $g(n)$ est $O(f(n))$ et qu'en plus $\lim_{n \to \infty} \frac{g(n)}{f(n)} = 0$, ou encore que quand n grandit, $g(n)$ devient négligeable devant $f(n)$.

Il est important que le lecteur novice comprenne concrètement ce que signifie (par exemple) « qu'un algorithme s'exécute en un temps en $O(n^2)$ » ; si une certaine machine prend quatre millisecondes pour exécuter cet algorithme sur 100 items, alors sur 10 000 items (100 fois plus), *la même machine* prendra 100^2 fois plus de temps, c'est-à-dire quarante ($40 = 10\,000 \times 4/1\,000$) secondes.

Les notations asymptotiques servent souvent à décrire l'ordre de grandeur du temps d'exécution en fonction de la taille de la donnée initiale. Par exemple, le tri par insertion est $\Omega(n)$ et $O(n^2)$; $O(n^2)$ indique une croissance n'excédant pas un certain cn^2, et $\Omega(n)$ indique que dans le meilleur des cas, la croissance du temps d'exécution est au moins linéaire. Il est facile de voir que le tri par insertion est $\Omega(n)$ puisque, lorsque la séquence est déjà ordonnée, la boucle `while` n'est pas du tout exécutée, et que seuls comptent les passages dans la boucle `for`.

Les notations de comportement asymptotique peuvent servir de la même manière à mesurer l'ordre de grandeur des besoins de mémoire en fonction de la taille de la donnée initiale. Par exemple, la quantité de mémoire utilisée par le tri par insertion est essentiellement $n + 3$ dans tous les cas, c'est-à-dire que les besoins en mémoire sont en $\Theta(n)$.

Après avoir conçu un algorithme, en exprimer la complexité est une des deux tâches centrales d'un algorithmicien ; la démonstration de la convergence des algorithmes est l'autre de ces deux tâches. Nous reprenons l'exemple du tri par insertion pour illustrer cette tâche (sur un cas scolaire transparent) : montrer que le tri par insertion produit toujours une séquence croissante.

La démonstration se fait par récurrence sur la longueur de la séquence. Si la séquence est de longueur 2, et qu'elle est déjà en ordre croissant, la boucle `for` n'est exécutée qu'une fois, et à l'intérieur de celle-ci, la boucle `while` n'est pas exécutée. L'algorithme se réduit donc à

```
x := A[2] ; i := 1 ; A[2] := x,
```

ce qui n'a aucun effet. Si la séquence de longueur 2 est décroissante (c'est le seul autre cas possible), la boucle `for` et la boucle `while` ne sont exécutées qu'une seule fois et l'exécution donne

$$\texttt{x :=A[2] ; i :=1 ;} \underbrace{\text{A[2] :=A[1] ; i :=0 ; A[1] :=x}}_{\text{boucle \underline{while}}}$$

ce qui a pour effet d'échanger A[1] et A[2] et donc de produire une séquence croissante. Supposons maintenant que l'algorithme produise une séquence croissante à partir de toutes les séquences de longueur au plus n. Si on exécute l'algorithme sur une séquence $\langle a_1, a_2, \ldots, a_n, a_{n+1} \rangle$, par l'hypothèse de récurrence, les passages de 2 à n de la boucle for produisent une séquence $\langle b_1, b_2, \ldots, b_n, b_{n+1} = a_{n+1} \rangle$ avec $b_1 \leq b_2 \leq \ldots b_n$. Lorsque le dernier passage de la boucle for commence, le reste des instructions est

```
x := A[n+1] ; i := n ;
while (i>0 and A[i]>x) do
    [A[i+1] :=A[i] ; i :=i-1 ;] ;
A[i+1] := x ;
```

ce qui a pour conséquence de pousser le terme b_{n+1} à gauche de tous ceux des b_i qui lui sont strictement supérieurs ; comme la séquence $\langle b_1, b_2, \ldots, b_n \rangle$ est croissante, si b_u est le premier terme rencontré au plus égal à b_{n+1},

$$b_1, \cdots, b_u, b_{n+1}, b_{u+1}, \cdots, b_n$$

est elle aussi croissante. C.Q.F.D.

1.3. Petite parenthèse sur les graphes et les arbres —

graphe orienté

Un *graphe orienté* est la donnée d'un *ensemble* (en général fini) S, dont les éléments sont appelés sommets, et d'une *famille* A de couples ordonnés de sommets, dont les membres sont appelés arêtes. À cette définition sans saveur correspond la notion plus parlante de *réalisation géométrique*.

réalisation géométrique d'un graphe

Une réalisation géométrique d'un graphe orientée est la donnée de points du plan ou de l'espace pour représenter les sommets et la donnée de courbes orientées pour représenter les arêtes, une arête (a, b) étant représentée par une courbe allant de a à b. Par exemple, si $S = \{a, b, c\}$ et $A = \{(a, b), (a, c), (b, c), (a, b), (a, a), (a, a)\}$, la figure suivante est une représentation géométrique de G.

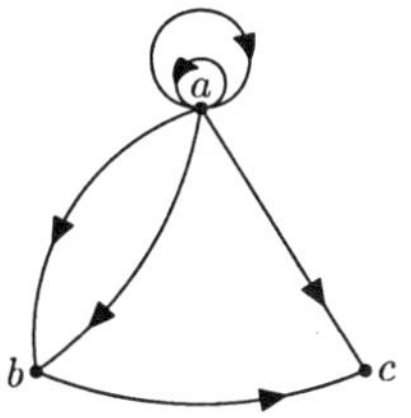

Un graphe non orienté –on dit simplement un graphe– est un graphe orienté dans lequel on oublie les orientations des arêtes, c'est-à-dire dans lequel on ne considère plus les couples désignant les arêtes comme étant ordonnés ; dans ce cas, les courbes représentant les arêtes sont non orientées.

Un graphe $G = (S, A)$ est dit *simple* s'il ne contient aucune arête de la forme (a, a), et si chaque couple de sommets a au plus une occurrence dans A. Un graphe est dit *acyclique* (ou sans cycle) si aucune suite de ses arêtes ne boucle sur ses sommets ; en particulier, un graphe acyclique est simple. Un graphe est dit *connexe* s'il possède une réalisation géométrique dans laquelle on peut toujours relier deux points quelconques du graphe.

graphe simple

graphe acyclique

graphe connexe

L'*ordre* d'un sommet a d'un graphe est le nombre d'arêtes dont a est une des composantes. Si on considère la réalisation géométrique, la notion d'ordre se traduit en une notion topologique qui se définit comme suit : c'est le nombre de courbes d'un voisinage assez petit du sommet dans une représentation géométrique ; c'est une notion intuitive simple dont la définition topologique est pleine de subtilités et ne saurait être abordée ici. Dans l'exemple de graphe donné plus haut le sommet a est d'ordre 7 car a possède un voisinage assez petit sur lequel la trace du graphe est une étoile à 7 branches.

ordre d'un sommet

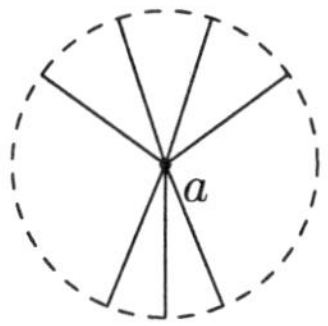

Un *arbre* est un graphe acyclique connexe dans lequel on distingue un sommet en particulier, que l'on appelle *racine*. Les sommets d'ordre 1 autres que la racine sont *feuilles* de l'arbre.

arbre

racine

feuilles

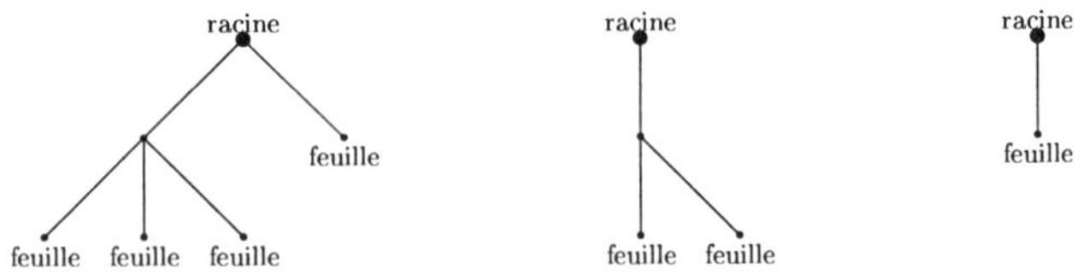

père
fils

Un arbre est tacitement un graphe orienté, les arêtes étant orientées en s'éloignant de la racine ; ainsi, deux sommets adjacents à une même arête ont un ordre ; celui qui est du côté de la racine est appelé *père* et celui qui est du côté des feuilles est appelé *fils*. Un arbre binaire est un arbre dans lequel chaque sommet est père d'au plus 2 fils, les arêtes étant étiquetées 0 et 1 ; un fils au bout d'une arête 0 est appelé *fils gauche*, et un fils au bout d'une arête étiquetée 1 est appelé *fils droit*. On convient de représenter les arêtes étiquetées 0 à gauche des arêtes étiquetées 1.

fils gauche
fils droit

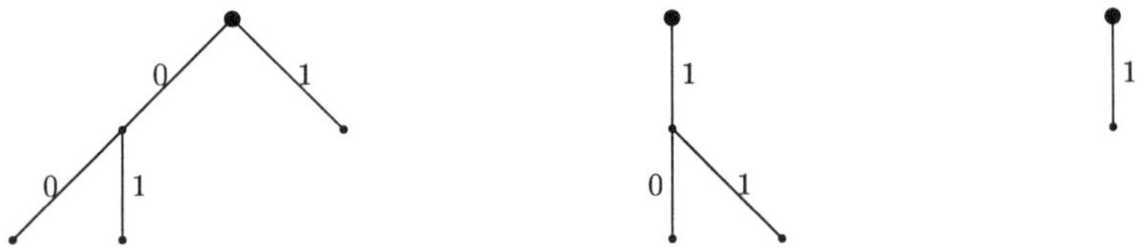

Les arbres binaires sont importants en informatique et méritent l'attention du lecteur.

arbre binaire libre

L'arbre binaire libre est l'unique arbre binaire dont tous les sommets ont deux fils ; il est infini. Dans un arbre binaire, le *niveau d'un sommet* est le nombre d'arêtes à parcourir pour l'atteindre à partir de la racine.

niveau d'un sommet

hauteur d'un arbre ou d'un sommet

La *hauteur d'un arbre* (fini) est le maximum des niveaux des sommets de l'arbre. La *hauteur d'un sommet* est la longueur du plus long chemin menant à une feuille. Un arbre binaire *complet* est un arbre binaire dont tous les niveaux sont saturés (c'est-à-dire sans places libres) sauf éventuellemnt le plus élevé. Dans la pratique, les feuilles d'un arbre binaire complet « se suivent » (*i.e.* il n'y a pas de trou au niveau le plus élevé) comme dans [9] (vol. 1, page 401).

arbre binaire complet

Dans l'arbre binaire libre, le niveau k contient exactement 2^k sommets. Le nombre de sommets du niveau 0 au niveau k inclusivement est donc

$$1 + 2 + 2^2 + \dots, +2^k = 2^{k+1} - 1.$$

Il en découle que dans un arbre binaire complet de hauteur h le nombre n de

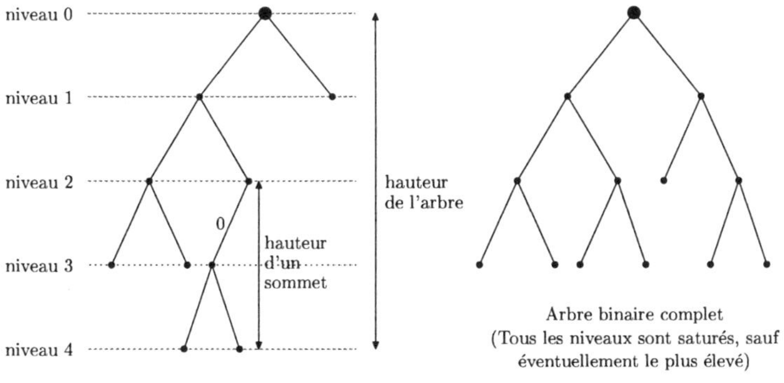

Notions de niveaux et de hauteur dans un arbre.
Notion d'arbre binaire complet.

sommets satisfait $2^h \leq n < 2^{h+1}$; on a donc $h = [\log_2 n]$, la partie entière du logarithme de n en base 2.

Soit un arbre binaire complet à n sommets. Soit dans cet arbre un sommet x de hauteur h. Suivant que le sous-arbre maximal de racine x contient ou ne contient pas de feuilles de niveau $[\log_2 n]$ (le niveau le plus élevé de l'arbre), x est de niveau $[\log_2 n] - h$ ou $[\log_2 n] - (h+1)$. Puisque dans le pire des cas (cas où au niveau de $[\log_2 n]$ il n'y a qu'une feuille) il y a exactement moitié moins de sommets internes que dans le cas où le niveau $[\log_2 n]$ est saturé, si n_h désigne le nombre de sommets de hauteur h dans un arbre binaire complet à n sommets, on a

$$\frac{n}{2^{h+1}} \leq n_h \leq \frac{n}{2^h}.$$

Le lecteur intéressé trouvera une bonne introduction à la théorie des graphes dans [3] ; la théorie des graphes est un constituant de base dans la formation mathématique d'un informaticien.

NOTE HISTORIQUE. — L'utilisation des arbres remonte à la nuit des temps (*v.g.* les arbres généalogiques), et d'aucuns disent humoristiquement au troisième jour de la création ! L'utilisation formelle des arbres en mathématiques remonte à G. KIRCHHOFF dans son étude des circuits électriques où il détermine des cycles fondamentaux en rapport avec la loi qui porte son nom[1.1].

1.1 Kirchhoff G., Annalen der Physik und Chemie 72(1847), pp. 497-508.

1.4. Le tri par fusion — Soient deux séquences croissantes, disons par exemple

$$\langle 0,6,6,10,18\rangle \qquad \langle 1,5,6,10,11,15,16,18,20\rangle.$$

Fusionner ces deux séquences consiste à créer une nouvelle séquence crois-
fusionner sante par l'opération de *fusion* décrite ci-dessous :

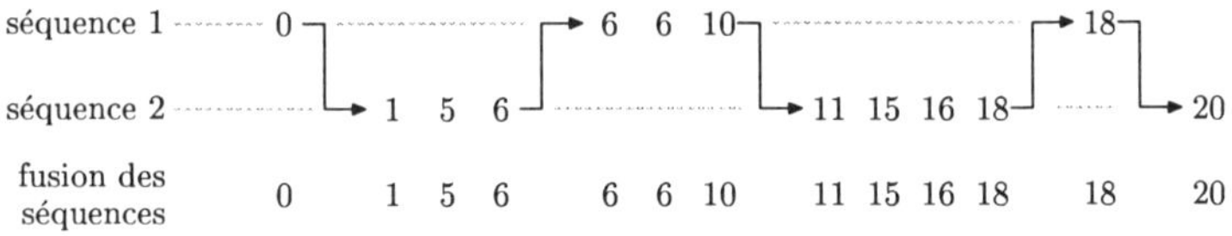

L'idée, simple, est d'aligner alternativement des sous-séquences de chacune des séquences de manière que ces sous-séquences soient globalement ordonnées entre elles. On y arrive facilement en choisissant le plus petit élément des éléments minima de chaque séquence, puis en répétant l'opération jusqu'à l'épuisement d'une des séquences. Par exemple, avec les deux séquences ci-dessus, on a (la nouvelle séquence est progressivement crée en troisième ligne) :

$$\begin{cases} 0 & 6 & 6 & 10 & 18 \\ 1 & 5 & 6 & 11 & 15 & 16 & 18 & 20 \\ 0 \end{cases}$$

$$\begin{cases} 0 & 6 & 6 & 10 & 18 \\ 1 & 5 & 6 & 11 & 15 & 16 & 18 & 20 \\ 0 & 1 \end{cases}$$

$$\begin{cases} 0 & 6 & 6 & 10 & 18 \\ 1 & 5 & 6 & 11 & 15 & 16 & 18 & 20 \\ 0 & 1 & 5 \end{cases}$$

$$\begin{cases} 0 & 6 & 6 & 10 & 18 \\ 1 & 5 & 6 & 11 & 15 & 16 & 18 & 20 \\ 0 & 1 & 5 & 6 \end{cases}$$

$$\begin{cases} 0 & 6 & 6 & 10 & 18 \\ 1 & 5 & 6 & 11 & 15 & 16 & 18 & 20 \\ 0 & 1 & 5 & 6 & 6 \end{cases}$$

$$\begin{cases} 0 & 6 & 6 & 10 & 18 \\ 1 & 5 & 6 & 11 & 15 & 16 & 18 & 20 \\ 0 & 1 & 5 & 6 & 6 & 6 \end{cases}$$

$$\left\{\begin{array}{llllllllll}
{\scriptstyle 0} & {\scriptstyle 6} & {\scriptstyle 6} & {\scriptstyle 10} & 18 & & & & & \\
{\scriptstyle 1} & {\scriptstyle 5} & {\scriptstyle 6} & 11 & 15 & 16 & 18 & 20 & & \\
0 & 1 & 5 & 6 & 6 & 6 & 10 & & &
\end{array}\right.$$

$$\left\{\begin{array}{llllllllll}
{\scriptstyle 0} & {\scriptstyle 6} & {\scriptstyle 6} & {\scriptstyle 10} & 18 & & & & & \\
{\scriptstyle 1} & {\scriptstyle 5} & {\scriptstyle 6} & {\scriptstyle 11} & {\scriptstyle 15} & 16 & 18 & 20 & & \\
0 & 1 & 5 & 6 & 6 & 6 & 10 & 11 & 15 &
\end{array}\right.$$

$$\left\{\begin{array}{llllllllll}
{\scriptstyle 0} & {\scriptstyle 6} & {\scriptstyle 6} & {\scriptstyle 10} & 18 & & & & & \\
{\scriptstyle 1} & {\scriptstyle 5} & {\scriptstyle 6} & {\scriptstyle 11} & {\scriptstyle 15} & {\scriptstyle 16} & 18 & 20 & & \\
0 & 1 & 5 & 6 & 6 & 6 & 10 & 11 & 15 & 16
\end{array}\right.$$

etc.

Une description technique soignée du processus de fusion nécessite de tenir compte de l'arrivée à la fin de la séquence, et de divers cas singuliers.

Le tri par fusion est en un sens une généralisation du tri par insertion puisqu'il consiste à insérer des séquences déjà croissantes ; dans le tri par insertion, ces séquences déjà croissantes sont de longueur un.

Les détails des représentations des séquences en machine (*v.g.* tableaux, liste avec pointeurs, etc.) relèvent de la programmation plus que de l'algorithmique elle-même ; peu importe comment on règle ces questions de détail, le temps nécessaire pour fusionner une séquence de longeur n et une de longueur m est en $O(m+n)$, ainsi que la quantité de mémoire nécessaire. Du point de vue de l'algorithmique pure, ce sont les seuls points qui comptent.

Si on coupe une séquence quelconque en deux au milieu (pour les séquences de longueur impaire convenons de mettre le milieu dans la première moitié), puis à nouveau chaque moitié en deux, et ainsi de suite, on arrive rapidement à des séquences de longueur 1 ; le nombre de fois où l'on coupe n'excède pas la plus petite puissance de 2 plus grande ou égale à n ; ce nombre de coupures est donc au plus $(\log_2 n) + 1$, c'est-à-dire une fonction de n en $O(\log n)$. Par exemple, une séquence de neuf nombres demande quatre séries de coupures car $2^3 = 8 < 9 < 2^4 = 16$ (figure 1.1, page 20).

Si on coupe une séquence en deux, puis les morceaux en deux, etc., et qu'ensuite on fusionne les séquences « sœurs » qui proviennent d'une même coupure, en commençant par les séquences sœurs de longueur 1 (qui sont trivialement ordonnées !), on reconstitue une séquence croissante avec les termes de la séquence de départ : c'est le tri par fusion.

Soit par exemple $\langle 8, 1, 6, 5, 9, 3, 4, 2, 11, 7, 13, 12, 10\rangle$. La suite des coupures est donnée par la figure 1.2 (page 20).

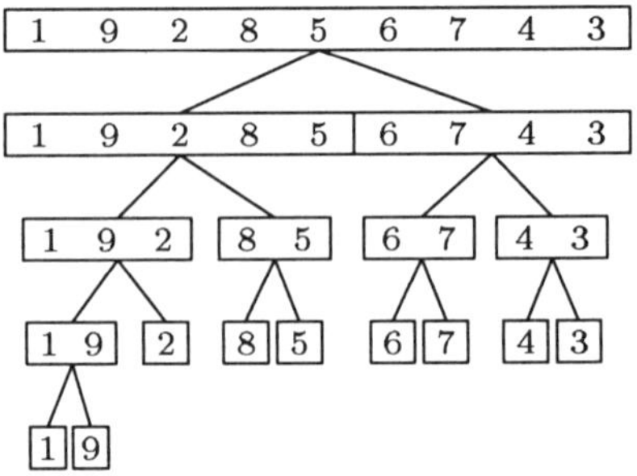

FIGURE 1.1. Quatre découpages pour une séquence de neuf nombres.

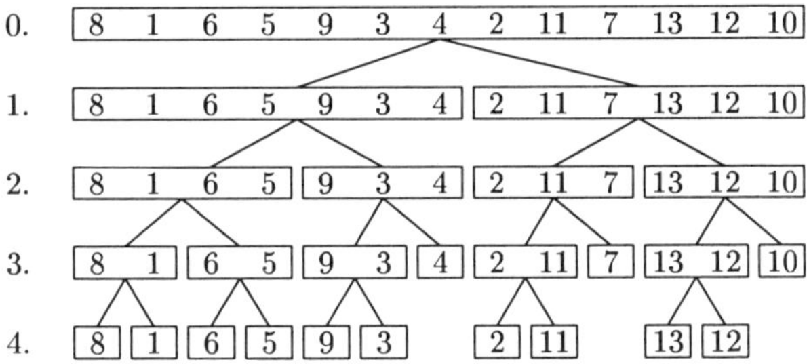

FIGURE 1.2. Coupures sur $\langle 8, 1, 6, 5, 9, 3, 4, 2, 11, 7, 13, 12, 10 \rangle$.

La fusion des séquences sœurs du niveau 4 (toutes de longueur 1, donc ordonnées), puis de niveaux 3, 2 et 1 est donnée dans la figure 1.3 (page 21). À la suite de ces fusions successives, nous avons effectué un tri par fusion sur la liste de départ.

Le tri par fusion se décrit facilement comme un algorithme récursif. Auparavant, prenons quelques lignes pour ouvrir une brève parenthèse et parler de la récursivité.

algorithme récursif

Un *algorithme récursif* est un algorithme défini en termes de lui-même. L'exemple canonique, aussi simple que mathématiquement profond, est celui de l'algorithme d'EUCLIDE, qui calcule le pgcd de deux entiers

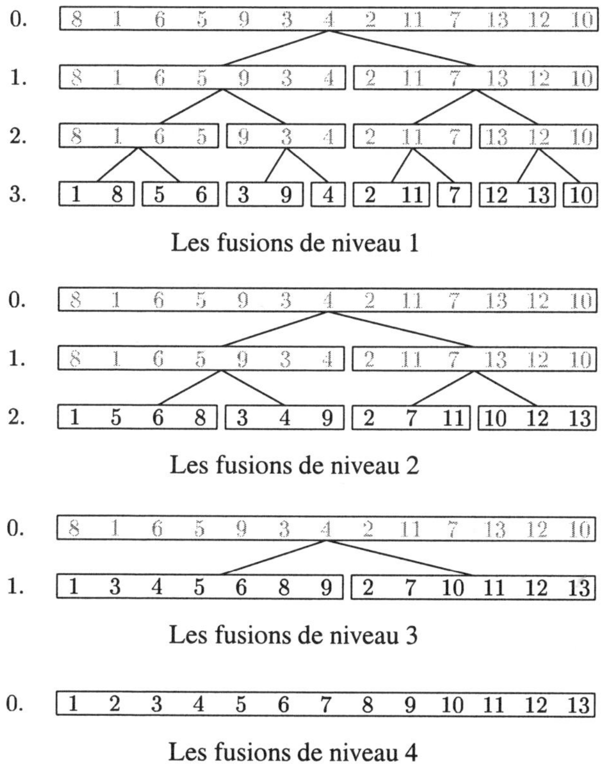

FIGURE 1.3. Suite des fusions de niveaux 1, 2, 3 et 4 lors du tri par fusion de la séquence $\langle 8, 1, 6, 5, 9, 3, 4, 2, 11, 7, 13, 12, 10 \rangle$.

$0 \leq b \leq a$; si $a = qb + r$, où q et r sont le quotient et le reste lors de la division par b (quand $b \neq 0$), l'algorithme d'EUCLIDE est totalement décrit par

$$\operatorname{pgcd}(a, b) = \begin{cases} a & \text{si } b = 0 \\ \operatorname{pgcd}(b, r) & \text{si } b \neq 0. \end{cases}$$

Pour que cette définition du pgcd en termes du calcul d'un autre pgcd décrive effectivement un algorithme, il faut que cet algorithme ne s'utilise pas indéfiniment lui-même dans des cas de plus en plus imbriqués, et qu'après un nombre fini d'appels à lui-même, il se lance finalement dans un calcul explicite qui aboutit sans appel à lui-même. Dans la définition du pgcd c'est la première ligne de la définition qui permet de mettre un terme aux appels successifs du pgcd. Par exemple :

$$\begin{aligned} \text{pgcd}\,(41,24) &= \text{pgcd}\,(24,17) && (\text{car } 41 = 1 \times 24 + 17) \\ &= \text{pgcd}\,(17,7) && (\text{car } 24 = 1 \times 17 + 7) \\ &= \text{pgcd}\,(7,3) && (\text{car } 17 = 2 \times 7 + 3) \\ &= \text{pgcd}\,(3,1) && (\text{car } 7 = 2 \times 3 + 1) \\ &= \text{pgcd}\,(1,0) && (\text{car } 3 = 3 \times 1 + 0) \end{aligned}$$

Ici, l'algorithme s'est réutilisé lui-même, dans des cas de plus en plus simples, jusqu'à devoir se réutiliser lui-même dans un ultime cas où il n'a plus besoin de se rappeler, c'est-à-dire, en l'occurrence, quand son deuxième argument est 0. Ceci arrive toujours puisque les restes successifs, qui forment une suite strictement décroisante d'entiers naturels, finissent tôt ou tard par atteindre 0.

Ce livre a commencé par un autre exemple d'un algorithme récursif, à savoir l'algorithme définissant la fonction d'ACKERMANN & PÉTER. Comme pour l'algorithme d'EUCLIDE, il faut montrer que l'algorithme qui réalise ψ ne s'utilise jamais lui-même indéfiniment. C'est une tâche fine que nous laissons au lecteur en lui donnant comme indication qu'il faut montrer par récurrence sur n que ψ détermine une unique valeur sur $\{n\} \times \mathbb{N}$.

Fermons cette parenthèse sur la récursivité, et revenons au tri par fusion. Supposons que nous ayons un tableau `A[1..n]`, et que nous disposions d'une procédure de fusion, `Fusion(A,i,k,j)`, qui, les deux séquences `A[i,k]` et `A[k+1,j]` étant déjà ordonnées, les fusionne pour produire `A[i..j]` trié. La procédure récursive suivante réalise le tri par fusion de ce tableau `A` lorsqu'elle est appelée avec les paramètres `A`, `1` et `n` : `TriParFusion(A,1,n)` :

```
TriParFusion(A,i,j)
   [if i<j then
   [      [k := (i+j)÷ 2 ;
   [      [TriParFusion(A,i,k) ;
   [      [TriParFusion(A,k+1,j) ;
   [      [Fusion(A,i,k,j)
```

Pour le lecteur novice en algorithmique et qui de surcroît n'aurait pas d'expérience de programmation pour s'accrocher à un terrain concret, il est nécessaire de suivre les exemples suivants, qui constituent un seul et même exemple, consistant à trier la séquence $A = \langle 9, 1, 3, 4, 7 \rangle$. Pour simplifier la lecture, seuls les éléments pertinents du tableau sont écrits dans une taille normale.

a) `TriParFusion(A,1,1)` : ici, le tableau à trier est la portion du tableau réduite à `[9]` : On a $i = 1$, $j = 1$, et comme « $i < j$ » est faux, l'algorithme ne fait rien sur `[9,1,3,4,7]`.

b) `TriParFusion(A,2,2)` : ici, le tableau à trier est la portion du tableau réduite à `[1]` : On a $i = 2$, $j = 2$, et comme « $i < j$ » est faux, l'algorithme ne fait rien sur `[9,1,3,4,7]`.

c) `TriParFusion(A,1,2)` : puisque $i = 1 < 2 = j$, les instructions suivantes sont exécutées :

```
k := 1 ;
TriParFusion(A,1,1);   ← produit [9,1,3,4,7]
TriParFusion(A,2,2);   ← produit [9,1,3,4,7]
Fusion(A,1,1,2);       ← fusionne [9,1,3,4,7] et [9,1,3,4,7] ;
                         produit [1,9,3,4,7]
```

d) `TriParFusion(A,1,3)` : puisque $i = 1 < 3 = j$, les instructions suivantes sont exécutées :

```
k := 2 ;
TriParFusion(A,1,3);   ← produit [1,9,3,4,7]
TriParFusion(A,3,3);   ← produit [9,1,3,4,7]
Fusion(A,1,2,3);       ← fusionne[1,9,3,4,7] et [9,1,3,4,7] ; pro-
                         duit [1,3,9,4,7]
```

e) `TriParFusion(A,4,5)` : puisque $i = 4 < 5 = j$, les instructions suivantes sont exécutées :

```
k := 4 ;
TriParFusion(A,4,4);   ← produit [9,1,3,4,7]
TriParFusion(A,5,5);   ← produit [9,1,3,4,7]
Fusion(A,4,4,5);       ← fusionne [1,9,3,4,7] et [9,1,3,4,7] ;
                         produit [1,3,9,4,7]
```

f) `TriParFusion(A,1,5)` : puisque $i = 1 < 5 = j$, les instructions suivantes sont exécutées :

```
k := 3 ;
TriParFusion(A,1,3);   ← produit [1,3,9,4,7]
TriParFusion(A,4,5);   ← produit [9,1,3,4,7]
Fusion(A,1,3,5);       ← fusionne [1,3,9,4,7] et [1,3,9,4,7] ;
                         produit [1,3,4,7,9]
```

Cet exemple est aussi facile qu'important pour les lecteurs qui rencontrent la récursivité pour la première fois. Ils ne perdent pas leur temps à l'assimiler.

Comme toujours il faut démontrer que cet algorithme converge vers le résultat voulu. La démonstration se fait par récurrence sur $j - i$. Si $j - i = 0$, c'est-à-dire si $i = j$, la séquence est de longueur 1 ; l'algorithme ne fait rien car cette séquence est déjà triée. Si $j - i > 0$, c'est-à-dire si $i < j$, l'algorithme est relancé sur des séquences où $j - i$ est strictement plus petit. Par récurrence, `TriParFusion` produit deux moitiés triées qu'il fusionne ensuite : le résultat est donc une séquence triée. C.Q.F.D.

Il faut maintenant mesurer la « gourmandise » de cet algorithme en mémoire et en temps. L'exemple est certes transparent, mais il est utile pour souligner les tâches essentielles.

La consommation en mémoire tient essentiellement aux trois variables `i`, `j`, `k` nécessaires à chaque appel. Nous proposons au lecteur de montrer (en exercice) qu'il y a au plus $(n - 1)$ appels de `TriParFusion`, et par conséquent que la consommation de mémoire est en $O(n)$.

La consommation de temps est plus subtile à mesurer. Notons $T(n)$ le temps du tri par fusion d'un tableau de longueur n.

La première instruction, une division par 2, prend un temps constant $O(1)$. Les deux instructions suivantes, qui trient par fusion deux tableaux deux fois plus courts, prennent chacun un temps $T(n/2)$. La dernière instruction, la fusion de deux tableaux de longueur chacun $n/2$, prend un temps $O(n)$ ainsi que nous l'avons déjà observé. On a donc

$$T(n) = 2T(n/2) + O(n) + O(1) = 2T(n/2) + O(n).$$

Le temps d'exécution est donc borné par la somme des sommets de l'arbre binaire de gauche ci-dessous, où k est une certaine constante. À nouveau, le temps T(n/2) est la somme des sommets de l'arbre binaire de droite ci-dessous :

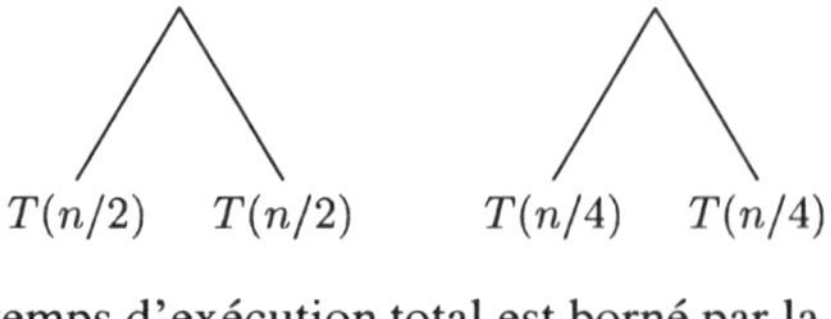

si bien que le temps d'exécution total est borné par la somme des sommets de l'arbre binaire de la figure 1.4 (page 25).

Il en découle que le temps d'exécution du tri par fusion d'un tableau de longueur n est majoré par $kn \log_2 n$ pour une certaine constante k, c'est-à-dire qu'il est $O(n \log n)$.

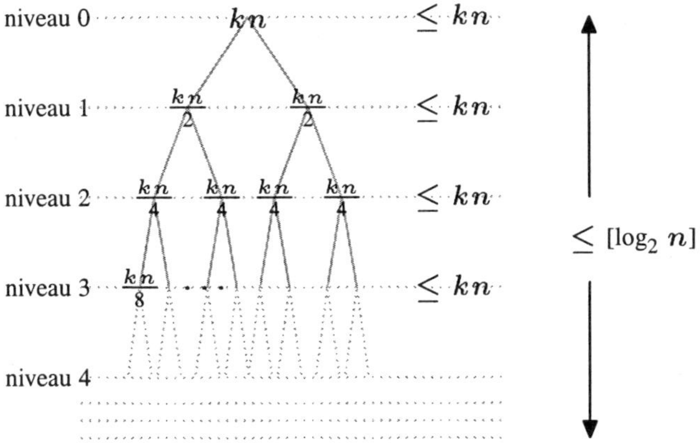

FIGURE 1.4. Temps de calcul pour un tri par fusion.

NOTE HISTORIQUE. — Donald KNUTH (voir [9], vol. 3, pp. 385 et suivantes) situe les premières utilisations du tri par fusion dans les machines à trier des cartes perforées ; la première machine de ce type remonte à une invention d'un fonctionnaire américain pour le recensement de 1890 !

Le tri par fusion est sans doute le premier algorithme de tri autre que le naïf tri par insertion à être explicitement codé en un programme pour un ordinateur. John VON NEUMAN [1.2] a rédigé l'élaboration du premier programme de tri par fusion en 1945 pour un ordinateur (alors en cours de conception) appelé EDVAC (Electronic Discrete Variable Automatic Computer) ; les concepteurs de cette machine voulaient montrer le potentiel des ordinateurs dans des applications non numériques. L'idée marquait une rupture nette avec le passé puiqu'il existait déjà depuis le recensement de 1890 aux USA des machines à trier performantes pour leur époque ; [1.3] l'arrivée en scène de l'idée d'un ordinateur programmable

1.2 von Neumann John, *Collected Works* 5 (New York : Mac Millan, 1963), pp. 196-214)

1.3 D.E. Knuth, *Computing Surveys* 2 (1970), 247-260.

utilisable non seulement pour du calcul numérique allait bouleverser l'Occident et faire naître l'algorithmique moderne.

Le projet de l'EDVAC fut parallèle au projet d'une autre machine de conception différente, l'ENIAC (Electronic Numerical Integrator And Calculator). L'ENIAC utilisait des lampes électroniques (tubes à vide) et découlait de calculateurs spécialisés en ballistique ; ceux-ci avaient vu leur vitesse multipliée par dix avec l'introduction de l'électronique, et l'idée de super-calculateurs était alors née. John VON NEUMANN fut invité à l'École Moore où l'ENIAC était en cours de développement. Les calculateurs électro-mécaniques antérieurs exécutaient leurs instructions après les avoir lues sur des cartes ou des rubans perforés. L'ENIAC était trop rapide pour que cela fût possible. On le programmait directement, et pour le reprogrammer, on le recablait ! C'est ici que VON NEUMAN proposa une nouvelle architecture (celle de l'EDVAC) suivant laquelle les programmes et les données devaient résider en mémoire. VON NEUMANN écrivit pour cette machine en devenir un programme de tri par fusion, et cet algorithme est historiquement lié à l'histoire de l'ordinateur.

1.5. Le tri rapide — L'algorithme de tri rapide consiste à réarranger les éléments du tableau à trier de manière à créer deux sous-tableaux tels que tous les éléments de l'un soient plus petits ou égaux à tous les élément de l'autre ; puis à recommencer sur chacun des sous-tableaux, tant que cela est possible.

La différence avec le tri par fusion est que les coupures sont calculées *dynamiquement*, c'est-à-dire au fur et à mesure en fonction du contexte, et que, en conséquence de la nature même de l'opération qui implique un réarrangement, il n'y a pas de fusion à faire. L'algorithme de tri rapide est dû à C. A. R. Hoare[1.4].

Plus techniquement, cela consiste, à partir de la donnée d'un tableau `A[p..r]`, à réarranger quelques éléments de manière à obtenir un nouveau tableau `A[p..q..r]` avec `A[p..q]` globalement plus petit que `A[q+1..r]`. Soit par exemple le tableau :

		p							r		
···		7	4	3	8	9	1	6	2		···

1.4 Hoare C. A. R., *Quicksort*, Computer Journal, 5(1962), 10-15. Ce court article présente une synthèse intéressante des méthodes de tri.

Posons y = `A[p]`, `i` = `p` − 1, `j` = `r` + 1 :

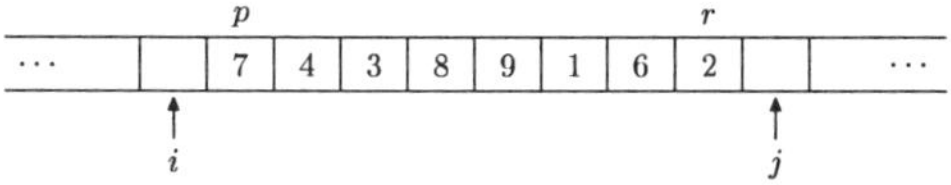

On avance l'indice `i` jusqu'à ce que `A[i]` $\geq y$, puis on recule l'indice `j` jusqu'à ce que `A[j]` $\leq y$. Si l'indice `i` est alors à gauche de l'indice `j` (*i.e.* $i \leq j$) on échange `A[i]` et `A[j]`, sinon ($i > j$) on arête et on pose `q` = `j` ; dans le cas de l'exemple cela donne :

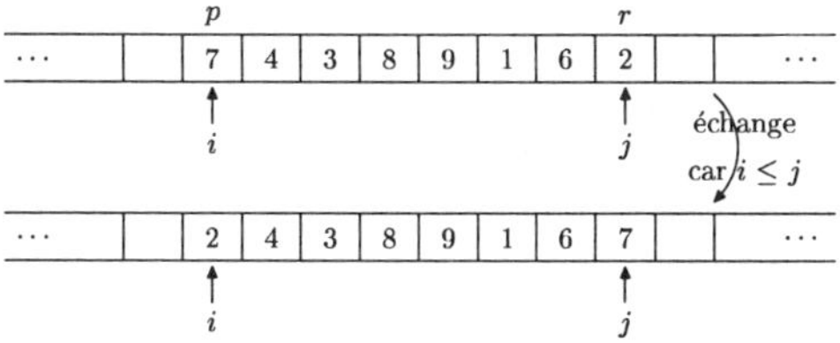

Puis on recommence la procédure d'avancement de l'indice `i` jusqu'à ce que `A[i]` $\geq y$, et la procédure de recul de l'indice `j` jusqu'à ce que `A[j]` $\leq y$; si l'indice `i` est alors à gauche de l'indice `j` on échange `A[i]` et `A[j]`, sinon on arête et on pose `q` = `j`. Dans notre exemple, cela donne :

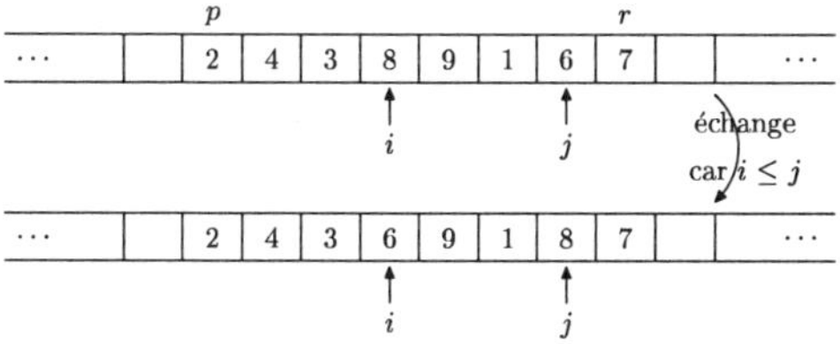

À nouveau :

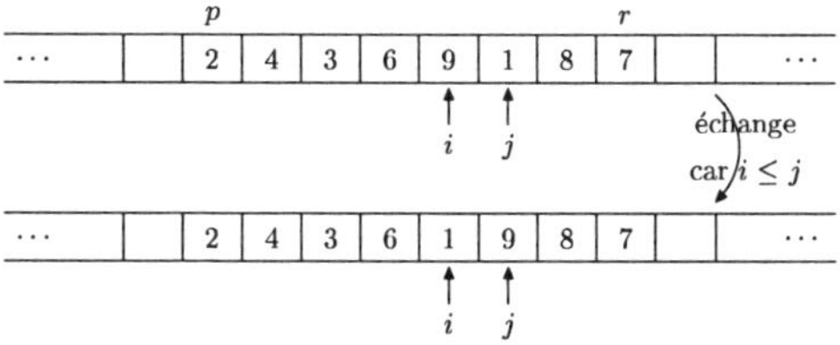

Puis après une dernière procédure d'avancement de l'indice `i` et une dernière procédure de recul de l'indice `j` :

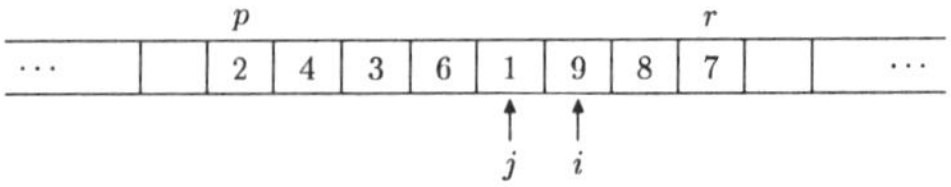

Comme alors i $>$ j, on pose q=j, puis on arrête. Le tableau A[p..q] = $[2, 4, 3, 6, 1]$ est globalement plus petit que le tableau A[q+1..r] = $[9, 8, 7]$.

On trouvera à la figure 1.5 les spécifications en pseudo-pascal de cet algorithme de coupure du tableau et du tri rapide lui-même.

```
Partition(A,p,q,r) ;
[ y:=A[p] ;  i:=p-1 ;  j:=r+1 ;
| exit:=true ;
|
| while exit do
|      [ repeat i:=i+1 until A[i]≥ y ;
|      | repeat j:=j-1 until A[j]≤ y ;
|      | if i<j then échanger A[i] et A[j]
[      [         else [q:=j ; exit:=false ;]


TriRapide(A,p,r) ;
[ if p<r then
|       [ Partition(A,p,q,r) ;
|       | TriRapide(A,p,q) ;
[       [ TriRapide(A,q+1,r) ;
```

FIGURE 1.5. Spécifications de la procédure de coupure dans l'algorithme de tri rapide, et spécification du tri rapide.

Les lignes exécutées sur le tableau donné en exemple précédemment, à savoir $[7, 4, 3, 8, 9, 1, 6, 2]$, se déploient comme à la figure 1.6.

La consommation de mémoire est clairement en $O(n)$ puisque à chaque appel il faut déclarer un nombre constant de variables, ce qui contribue en $O(n)$, et que par ailleurs le tri se fait sur place, *i.e.* n'utilise pas de mémoire en dehors de la mémoire du tableau initial.

La consommation en temps dépend de l'équilibre des partitions dynamiquement créées ; la situation « équilibrée » correspond aux cas où les coupures se font environ au centre du tableau.

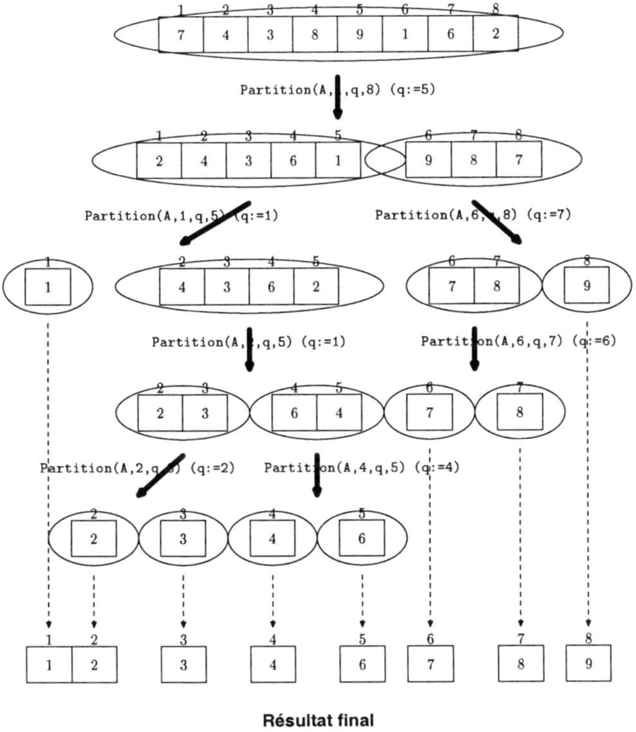

FIGURE 1.6. Exemple d'exécution du tri rapide.

Le pire des cas est celui où à chaque appel récursif de `TriRapide` l'instruction de partition produit un bloc de longueur 1 et un bloc de longueur $n-1$ (n étant la longueur du tableau). Les découpages successifs nécessitent un temps majoré par $c \times$ (*longueur du tableau*) et on a une consommation en temps donnée par la figure 1.7 (page 30). Dans ce cas extrêmement défavorable, le tri rapide a une complexité en $O(n^2)$.

Le meilleur cas est celui où à chaque appel de `TriRapide` l'instruction `Partition` produit deux blocs de longueurs voisines. Dans ce cas, la consommation en temps est en $O(n \log n)$ puisque, les découpages étant de longueurs n, $\frac{n}{2}$, $\frac{n}{4}$, $\frac{n}{8}$, ..., $\frac{n}{2^{\log_2 n}}$, les calculs sont résumés dans la figure 1.8.

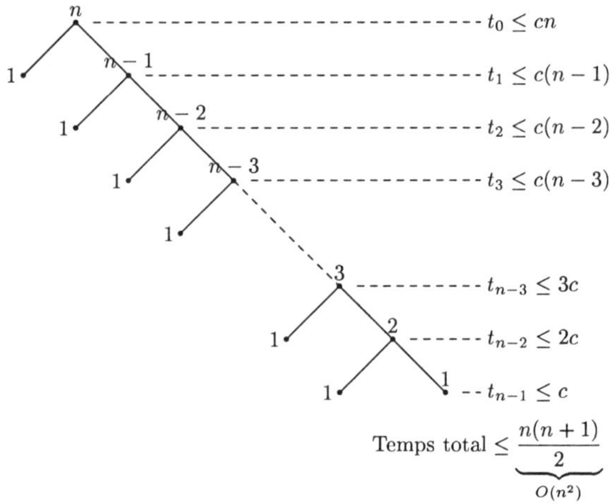

FIGURE 1.7. Complexité du tri rapide dans le pire des cas.

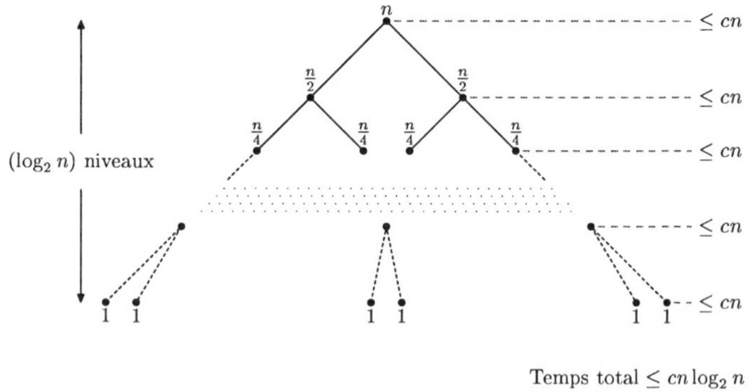

FIGURE 1.8. Complexité du tri rapide dans les meilleurs cas.

Nous supposons dans cette figure que n est une puissance de 2, mais on peut montrer sans difficulté que la complexité du tri rapide est en $0(n \log n)$ pour tous les n dès lors que les blocs sont approximativement de même longueur. De manière plus générale, si la longueur des deux blocs à chaque coupure est toujours voisine d'un même rapport (par exemple 1/100), alors la complexité est encore en $0(n \log n)$; dans ce dernier cas, la majoration par $cn \log n$ nécessite une valeur de c d'autant plus grande que le rapport des longueurs des blocs est loin de 1.

REMARQUE. — *Variation sur le thème du tri rapide.* Pour s'assurer que lors du partitionnement les blocs sont de longueurs voisines avec une forte probabilité, il existe des versions stochastiques du tri rapide ; le principe est de permuter « aléatoirement » les éléments du tableau avant de le partitionner de manière à renforcer l'équiprobabilité des permutations des éléments du tableau à trier, et ainsi renforcer la probabilité de blocs de longueurs voisines lors des partitionnements. Nous n'examinerons pas ces cas, trop pointus pour une *Petite introduction à l'algorithmique*. Le tri rapide est particulièrement adapté aux cas où le tableau en mémoire est de taille importante. Dans la pratique, on optimise les algorithmes de tri rapide en les faisant bifurquer vers d'autres méthodes de tri quand les partitions du tableau passent sous une certaine taille. Le travail d'algorithmique que nous avons fait sur le tri rapide est fort embryonnaire et nous a servi d'occasion pour introduire des notions de base de l'algorithmique.
—◇

1.6. Le tri par tas —

On peut facilement *coder* un tableau avec un arbre binaire complet en copiant successivement les éléments du tableau de manière à saturer les niveaux de l'arbre les uns après les autres ; par exemple, le tableau à 18 éléments

1	2	3	4	5	6	7	8	9	10	11	12	13	14	15	16	17	18
1	6	5	2	9	11	8	2	4	9	6	7	13	8	7	11	12	19

est codé dans l'arbre binaire complet

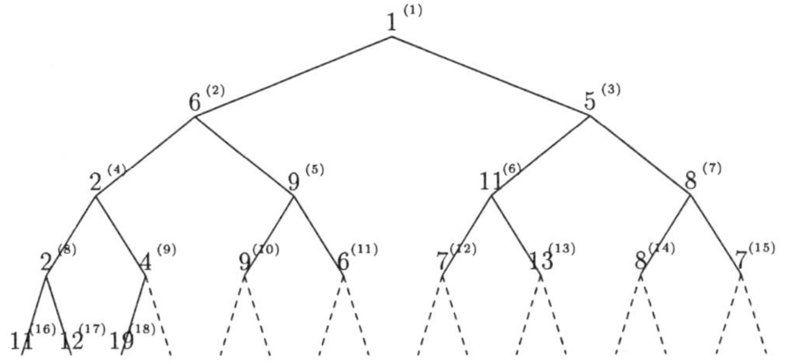

En lisant de gauche à droite successivement les niveaux $0, 1, 2, 3$ et 4 on reconstitue le tableau ; les nombres en gris entre parenthèses au-dessus des nœuds de l'arbre sont les positions dans le tableau.

Il est facile de montrer que dans un arbre binaire codant un tableau `A[1,n]`, l'élément `A[i]` a pour père `A[i÷2]`, et que `A[2i]` et `A[2i+1]` sont les fils gauche et droit de `A[i]`. Il existe donc dans la liste des entiers $1..n$ une structure naturelle (cachée, arithmétique) d'arbre binaire donnée par la division (euclidienne) par 2 (le père), la multiplication par 2 (le fils gauche) et la multiplication par 2 incrémentée de 1 (le fils droit). Cette structure est particulièrement utilisable en informatique puisque la division euclidienne par 2, la multiplication par 2 et l'incrémentation sont des opérations naturelles sur les représentations binaires des entiers.

dtructure de tas

Un *tas* est un arbre binaire complet dont les sommets sont des entiers, tel que chaque père est supérieur ou égal à chacun de ses fils. Dans un tas, la racine est plus grande ou égale à tous les autres sommets. Si le codage d'un tableau est un tas, le premier élément du tableau est bien le plus grand, mais les autres éléments du tableau peuvent être dans le désordre (par exemple, le tableau $\langle 3, 1, 2 \rangle$ dont on laisse le codage en arbre comme exercice mental au lecteur).

Supposons que nous disposions de deux tas, de pères a et b, dont les parties strictement sous la racine soient A et B, ce que nous notons respectivement $\begin{bmatrix} a \\ A \end{bmatrix}$ et $\begin{bmatrix} b \\ B \end{bmatrix}$. Étant donné un c quelconque, l'arbre

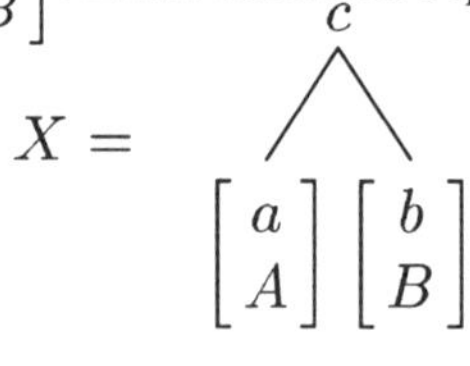

n'a aucune raison d'être un tas puisque c peut être plus petit que a ou b ou les deux. Il est cependant facile de transformer X en un tas à l'aide de l'algorithme récursif de la figure 1.9.

Si n est le nombre de sommets de X et si A et B ont environ le même nombre de sommets, on montre assez facilement que la complexité de `EnTas` est $O(\log n)$; nous confions cet exercice simple au lecteur.

Nous avons utilisé ci-dessus la notation évocatrice $\begin{bmatrix} c \\ A \end{bmatrix}$ pour désigner l'arbre obtenu en remplaçant la racine a dans $\begin{bmatrix} a \\ A \end{bmatrix}$ par c. Nous modi-

```
EnTas(X)
    m:=max(a,b,c) ;
    case m of
        c : exit ;
        a : [ échanger a et c ; EnTas [c / A] ] ;
        b : [ échanger b et c ; EnTas [c / B] ] ;
```

FIGURE 1.9. La procédure récursive EnTas.

fions cette notation par la suite : si l'arbre X (ci-dessus) est un sous-arbre d'un arbre codant le tableau A, et si `c=A[i]`, nous remplaçons l'écriture « `EnTas(X)` » par l'écriture « `EnTas(A,i)` ».

Supposons maintenant que nous disposions d'un arbre binaire provenant du codage d'un tableau `A[1..n]` ; le niveau le plus élevé, celui des feuilles, peut ne pas être saturé ; il a la forme suivante, où les feuilles sont les éléments `A[[n/2]+1]`, ..., `A[n]`, `[n/2]` désignant le quotient euclidien de `n/2` (*i.e.* la partie entière de `n/2`) :

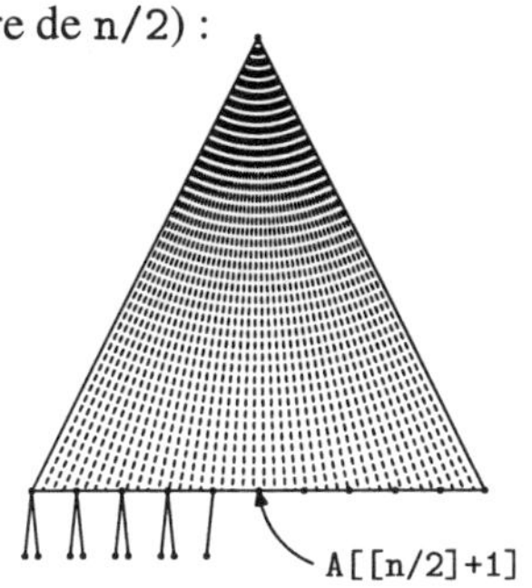

(*)

Cela est vrai parce que le père du dernier élément du tableau est `A[n÷2]`. L'algorithme suivant [1.5] prend le tableau `A[1..n]`, ou plutôt sa représentation par un arbre binaire, et le transforme en tas :

```
TransformerEnTas(X)
    [ for i:=n÷2 downto 1 EnTas(A,i) ;
```

[1.5] Floyd R. W., CACM 7(1964), p. 701.

En effet, EnTas est initialement appelé sur des arbres binaires complets à 2 ou 3 sommets et produit alors des tas ; en montant de niveau dans l'arborescence, il est alors appelé sur des arborescence de la forme (*) ci-dessus et il produit encore des tas. Il en est ainsi jusqu'à la racine.

La complexité de TransformerEnTas est linéaire (*i.e.* en $O(n)$). En effet, la complexité de la procédure EnTas étant $O(\log n)$, et $\log n$ étant (pour n assez grand) la hauteur h de l'arbre sur lequel est exécuté EnTas, la complexité de EnTas sur une arborescence de hauteur h est $O(h)$. Comme le nombre de sommets de hauteur h est compris entre $\frac{n}{2^{h+1}}$ et $\frac{n}{2^h}$, le temps $T(n)$ de l'exécution de TransformerEnTas sur un tableau de longueur n satisfait

$$\sum_{h=0}^{[\log_2 n]} \frac{n}{2^{h+1}} c_1 h \leq T(n) \leq \sum_{h=0}^{[\log_2 n]} \frac{n}{2^{h+1}} c_2 h$$

pour des constantes c_1 et c_2, *i.e.*

$$T(n) \leq c_2 n \sum_{h=0}^{\infty} \frac{h}{2^h} = c_2 n \sum_{h=0}^{\infty} h \left(\frac{1}{2}\right)^h$$

Mais $\sum_{h=0}^{\infty} h \left(\frac{1}{2}\right)^h = \frac{\frac{1}{2}}{(1-\frac{1}{2})^2} = 2$ (cette égalité est un cas particulier de $\sum_k kx^k = \frac{x}{(1-x)^2}$, laquelle s'obtient en dérivant $\sum_k x^k = \frac{1}{1-x}$; le lecteur pourra consulter un ouvrage sur les séries entières comme [1] par exemple). Donc $T(n) \leq 2c_2 n$. Comme $T(n)$ est au moins linéaire, puisqu'il faut considérer chacun des n sommets, on a $T(n) = O(n)$. Ainsi, via l'identification

tableau $\leftrightarrow$ arbre binaire complet,

donner une structure de tas à un tableau se fait en un temps linéaire en la longueur du tableau.

Nous avons maintenant en main tous les éléments pour décrire le tri par tas et en mesurer la complexité. Cet algorithme est due à J. W. J. Williams (1964)[1.6].

L'algorithme de tri par tas procède comme suit. Tout d'abord il transforme la représentation arborescente du tableau à trier en un tas ; après

1.6 Williams J.W.J., CACM 7(1964), pp. 347-348.

transformation, le premier élément du tableau disons m, en est le plus grand élément ; on l'échange alors avec le dernier élément du tableau (disons a) :

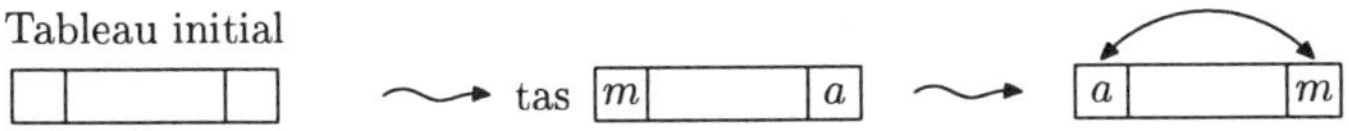

En termes de représentation arborescente cela donne :

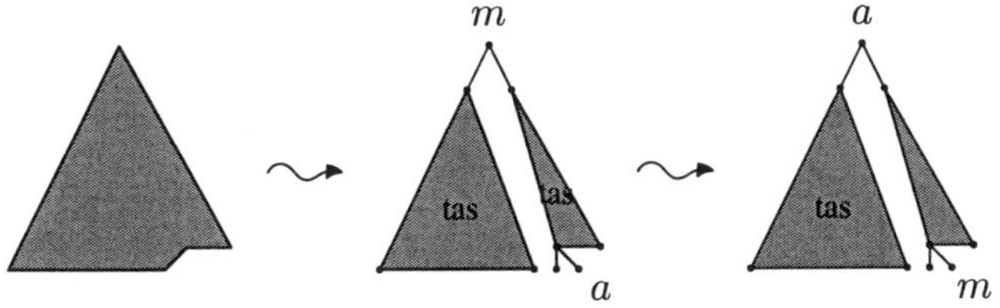

On ignore ensuite le dernier élément du tableau (*i.e.* l'élément m du tas modifié dans le dessin de droite ci-dessus). En l'absence de cet élément m, on se retrouve alors avec un arbre binaire complet dont les deux fils de la racine sont des tas :

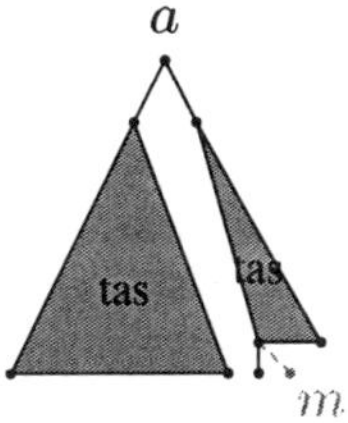

Il suffit alors d'exécuter `EnTas(A',1)`, où A' est ce dernier arbre, pour récupérer un tas A'', de longueur une unité de moins, et de recommencer le processus.

L'algorithme que nous venons d'écrire est spécifié pseudo-Pascal (procédure `TriParTas`) dans la figure 1.10.

`EnTas` est de complexité $O(\log n)$; comme la dernière boucle est parcourue $O(n)$ fois, et que `TransformerEnTas` est de complexité $O(n)$, `TriParTas` est de complexité $O(n \log n)$.

L'étude de la complexité du tri en tas est très instructive en ce qu'elle est le premier exemple d'une démarche algorithmique assez élaborée. Dans la genèse d'un programme, l'algorithmicien fait les travaux d'« *ingénierie* » de l'algorithme (ou des algorithmes). Il trace les « *plans* » des programmes dans un langage de spécification comme notre pseudo-Pascal. Ses plans

```
TriParTas(A) ;
┌n :=longueur(A) ;
│TransformerEnTas(A) ;
│for i :=n downto 2
│     ┌échanger A[1] et A[n] ;
│     │n :=n-1 ;
│     │A' :=A[1..n] ;
└     └EnTas(A', 1)
```

FIGURE 1.10. La procédure TriParTas.

d'ingénieurs constituent un cahier des charges transmis à la programmation, qui matérialise la transformation des plans (les spécifications en pseudo-Pascal) en véritable code. L'efficacité de la programmation dépend fortement du travail d'ingénierie en amont, de la clarté du cahier des charges et des explications qu'il contient.

REMARQUE. — *De la comparaison d'algorithmes de même complexité et de l'importance de la spécification. Cas du tri rapide et du tri par tas.* Les algorithmes de tri dont la complexité est en $O(n \log(n))$ sont d'autant plus rentables que la taille n des tableaux en mémoire est grande. Dès lors la question de comparer deux algorithmes de tri de complexité $O(n \log(n))$ est naturelle, et de manière générale, la question de comparer deux algorithmes effectuant une même tâche avec une même complexité. C'est le cas des algorithmes de tri rapide et de tri par tas ; comment se comparent-ils sur le terrain ?

Une analyse complète de la question dépasse le niveau de cet Opuscule. La mesure que nous faisons de la complexité repose sur l'examen de la spécification formelle que nous donnons (nombre de boucles, d'appels à des procédures, d'instructions d'affectation, etc.). Or nos spécifications en pseudo-Pascal sont assez grossières. En fait, une mesure fine de la complexité nécessite un langage de spécification plus explicite que celui que nous utilisons pour cette *Petite introduction à l'algorithmique*, ou que celle qui est utilisée dans des ouvrages introductifs comme [5]. Le modèle canonique en la matière est [9]. D. KNUTH y définit une machine virtuelle représentative d'un ordinateur courant avec ses instructions propres (le MIX), et il déploie complètement les spécifications dans ce langage. Pour des tableaux de longueur 1000, ces spécifications donnent les mesures de quelques 16 000 unités pour le tri par tas, et de 8 000 unités pour le tri rapide. Quand n croît, la complexité du tri par tas se rapproche de $23.08n \log(n)$ (logarithme naturel), alors que celle du tri rapide est de $11.67 \log(n)$. L'algorithme de tri par tas peut être affiné, mais l'écart reste toujours significatif. Ces mesures fines dépendent des subtilités de la spécification (d'où son importance), mais les grands traits sont donnés même avec un langage de spécification grossier comme le nôtre.

Mais le tri par tas n'est pas à éliminer pour autant ! Il faut se rappeler que le tri rapide est plus mauvais dans le pire des cas (alors $O(n^2)$) que ne l'est le tri par tas (toujours $O(n \log(n))$). Quand il est bon, il est vraiment meilleur, mais quand il est mauvais, il est franchement pire ! Le tri par tas est stable en complexité : le pire des cas et le plus favorable des cas restent en $O(n \log(n))$. La réponse tient donc dans l'évaluation de l'écart entre les cas favorables et les cas moyens que la pratique soumet à l'algorithmicien. Et ici, il n'y a guère que les tests avec les réalisations des deux algorithmes qui permettent de conclure. —◇

1.7. Complexité des tris comparatifs — Un tri comparatif est un algorithme qui ordonne les éléments d'un tableau en effectuant des comparaisons entre eux. Aussi étonnant que cela puisse sembler au lecteur, sous certaines hypothèses, il existe des tris non fondés sur la comparaison des éléments du tableau.

Les tris que nous avons vus sont tous comparatifs, et aucun n'a une complexité inférieure à $O(n \log n)$. Ce n'est pas un hasard. Les algorithmes de tri comparatif ne peuvent jamais faire mieux.

PROPOSITION 1.1. — *La complexité d'un tri comparatif est au moins $O(n \log(n))$.*

Nous allons montrer cette proposition. Elle établit que le tri par fusion et le tri par tas sont essentiellement de complexité minimale en tant que ces algorithmes sont basés sur la comparaison entre les éléments.

Nous avons besoin de la formule de STIRLING que nous présentons au lecteur dans une brève parenthèse. Cette formule, due au mathématicien écossais James STIRLING (1692-1770), dit que

$$\lim_{n\to\infty} \frac{n!}{\left(\frac{n}{e}\right)^n \sqrt{2\pi n}} = 1^+ \qquad (1.1)$$

ce qui signifie que pour de grandes valeurs de n, l'entier $n!$ est approximativement égal à $\left(\frac{n}{e}\right)^n \sqrt{2\pi n}$, et que l'erreur relative (*i.e.* le pourcentage d'erreur) résultant de cette approximation tend vers 0 quand n croît indéfiniment. Le « + » en exposant du 1 signifie que le membre de gauche approche 1 par valeur supérieure, ce qui implique que $\left(\frac{n}{e}\right)^n \sqrt{2\pi n}$ approche $n!$ par valeur inférieure. Le tableau 1.1 donne une idée de cette approximation.

n	$\dfrac{n!}{\left(\frac{n}{e}\right)^n \sqrt{2\pi n}}$
100	1.000833677
500	1.000166680
1000	1.000083336
1500	1.000055557
50 000	1.000001667

TABLEAU 1.1. Approximation de $n!$ par la formule de STIRLING.

La première ligne du tableau indique que pour $n = 100$ l'erreur relative est de l'ordre de 0.08%, et la dernière que pour $n = 50\,000$ l'erreur relative est de l'ordre de deux dix-millième de un pourcent. D'autre part, une analyse fine de la démonstration de la formule de STIRLING permet aussi de montrer que $n! \leq \left(\frac{n}{e}\right)^n \sqrt{2\pi n}\ e^{\frac{1}{12}n}$. Ceci ferme notre courte parenthèse sur la formule de STIRLING.

La complexité d'un tri par comparaison des éléments est au moins $O(n \log(n))$ parce que, comme nous le montrons maintenant, un tel tri peut toujours nécessiter jusqu'à $O(n \log n)$ comparaisons. Encore une fois, l'examen d'un arbre binaire rend ce fait « visible ».

Pour fixer les idées, imaginons que nous ayons à trier 3 nombres a_1, a_2, a_3. On commence par se demander si $a_1 \leq a_2$; si c'est le cas on cherche ensuite à positionner a_3 par rapport à a_2 : est-ce que $a_2 \leq a_3$? Si c'est le cas, alors on a $a_1 \leq a_2 \leq a_3$; si ce n'est pas le cas, il faut alors se demander si $a_1 \leq a_3$, et suivant que $a_1 \leq a_3$ ou non, on a les ordres $a_1 \leq a_3 \leq a_2$ et $a_3 \leq a_1 \leq a_2$. Si au départ, on n'avait pas eu $a_1 \leq a_2$, on aurait eu alors à positionner a_3 par rapport à a_1 (par hypothèse alors plus grand que a_2), etc. Ces questions « $a_i \leq a_j$? » avec leurs réponses « oui/non » (notées 0/1) sont les nœuds d'un arbre binaire dont les feuilles sont constituées des 3! permutations de a_1, a_2 et a_3 :

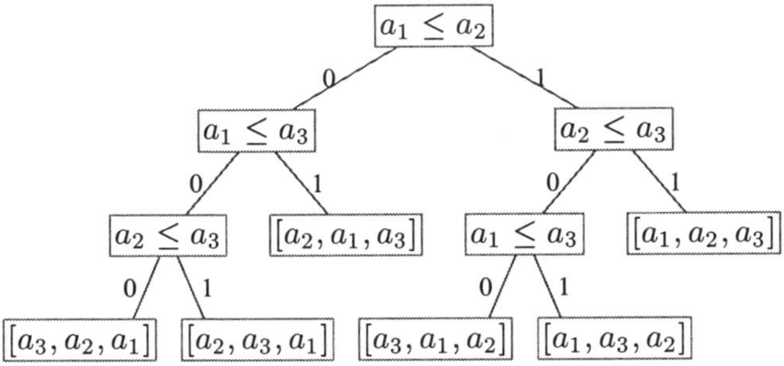

De manière générale, étant donné un tableau de longueur n, on construit un arbre binaire dont les nœuds sont des comparaisons des composantes des $n(n-1)/2$ paires d'éléments $(a_i, a_j)_{i<j}$ du tableau —plusieurs nœuds pouvant avoir comme nom la même comparaison (ci-dessus 2 nœuds « $a_2 \leq a_3$ »), et dont les feuilles sont exactement les $n!$ permutations possibles du tableau. Comme la hauteur d'un arbre binaire de f feuilles est au moins $\log_2 f$, la hauteur d'un arbre binaire de $n!$ feuilles est au moins $\log_2 n! = \frac{\log n!}{\log 2}$. C'est ici qu'intervient la formule de STIRLING pour minorer $\log_2 n!$; si on désigne par h la hauteur d'un arbre binaire qui décrit les chemins de comparaisons possibles entre les éléments du tableau au cours d'un tri, on a

$$\begin{aligned} h \geq \log(n!) &\geq \log\left(\left(\tfrac{n}{e}\right)^n \sqrt{2\pi n}\right) \\ &= n\left(\log(n) - 1\right) + \frac{1}{2}\log(2\pi) + \frac{1}{2}\log(n) \\ &= \left(\frac{1}{2} + n\right)\log(n) - n + \frac{1}{2}\log(2\pi) \\ &\geq \left(\tfrac{1}{2} + n\right)\log(n) \qquad \left(\text{pour } n > \tfrac{1}{2}\log(2\pi)\right) \end{aligned}$$

Comme un algorithme de tri qui déplace les éléments après les avoir comparés doit effectuer jusqu'à h comparaisons, cela établit que la complexité d'un tel algorithme est au mieux en $O(n \log n)$, ce qui complète la démonstration de la proposition.

1.8. Cas de tris sans comparaison des éléments — Dans le cas général, un tri nécessite de comparer les éléments deux-à-deux, et par conséquent, on ne peut pas espérer une complexité moindre qu'en $O(n \log(n))$. Il y a cependant des cas où des données structurelles particulières permettent de ne pas comparer les éléments (par exemple leur écriture dans une base donnée, leur présence dans un intervalle connu, etc.). Nous décrivons ici certains de ces cas.

Supposons donnés des entiers de l'intervalle fermé $[0, k]$ (ou en général d'un intervalle fermé quelconque). Cette « structure » nous permet de trier ces nombres sans les comparer entre eux ; il existe même un algorithme de tri naturel dont la complexité est linéaire en la longueur du tableau (*i.e.* en $O(n)$).

Soit par exemple à trier le tableau suivant de 12 chiffres décimaux :

	1	2	3	4	5	6	7	8	9	10	11	12
$A =$	9	2	6	9	0	4	2	9	3	2	3	4

On remplit alors un tableau S de statistiques : $S[i]$ (i un chiffre décimal) contient le nombre d'occurrences de i dans A. Ici, cela donne

	0	1	2	3	4	5	6	7	8	9
$S =$	1	0	3	2	2	0	1	0	0	3

(*i.e.* il y a 1 occurrence de « 0 », 0 de « 1 », 3 de « 2 », etc). À ce point-ci, on connaît donc le nombre d'occurences de chaque chiffre décimal, et il suffit de les réécrire dans un tableau B, de même taille que A, dans les quantités voulues ; dans notre exemple, il y a 1 « 0 », suivi de 3 « 2 », suivis de 2 « 3 », suivis de 2 « 4 », suivis de 1 « 6 », et suivis de 3 « 9 » :

	1	2	3	4	5	6	7	8	9	10	11	12
$B =$	0	2	2	2	3	3	4	4	6	9	9	9

Ce tableau B est le tableau A en ordre.

La spécification suivante en pseudo-Pascal décrit l'algorithme exécuté dans le cas particulier de cet exemple ; c'est une version simplifiée du tri par dénombrement ; on suppose pour cette spécification que l'on a n nombres entiers dans l'intervalle $[k_0, k_1]$, et que ces nombres sont stockés dans un tableau `A[1..n]`. `S[k0..k1]` désignera le tableau de statistiques.

tri par dénombrement

```
TriSimpleParDenombrement(A,S) ;
   [for i :=k0 to k1 do S[i] :=0 ;
   |for j :=1 to n do S[A[j]] :=S[A[j]]+1 ;
   |j :=0 ;
   |for i :=k0 to k1 do
   |     for u :=1 to S[i] do
   L          [j :=j+1 ; B[j] :=i ;]
```

La première boucle consomme un temps constant : c'est l'initialisation du tableau de statistiques. La deuxième, qui consiste à compter les occurrences de chaque valeur, consomme un temps proportionnel à n. Quant aux instructions « `j :=j+1 ; B[j] :=i ;` », elles sont exécutées exactement n fois. Donc, au total, la complexité est en $O(n)$. Il en est aussi ainsi pour la mémoire.

De manière simpliste, on pourrait proposer un algorithme général pour ordonner un tableau de nombres entiers qui, dans un premier temps, en déterminerait le minimum k_0 et le maximum k_1, et dans un deuxième temps, les rangerait en effectuant un tri par dénombrement, et espérer ainsi produire un algorithme de complexité en $O(n)$; c'est peine perdue, parce que, pour calculer le minimum et le maximum d'un tableau *quelconque* (*i.e.* sans faire d'hypothèse sur le tableau), il faut comparer les éléments et qu'alors la proposition du paragraphe précédent implique une complexité en $O(n \log n)$. Ceci établit que le calcul de l'intervalle [min, max] d'un tableau quelconque de n nombres est de complexité au moins $O(n \log n)$.

La version simple du tri par dénombrement a cependant un gros défaut. Pour l'illustrer dans le cadre de notre exemple, imaginons que le tableau A donne les notes d'un groupe de 12 étudiants classés par ordre alphabétique (colonne ci-contre). Si nous voulons trier ces noms par ordre de note, et qu'à l'intérieur d'une même note, on veuille conserver l'ordre alphabétique, la spécification donnée ci-dessus ne nous dit pas comment faire ; les deux dernières boucles imbriquées ne se prêtent pas à l'élaboration de la nouvelle liste ; par exemple, elles ne disent pas comment recopier dans l'ordre les trois noms correspondant à la note 2. Nous adaptons la version précédente à ce type de situation ; on suppose que l'on doit trier des « enregistrements » `Machin` en utilisant une *clef* `Machin.Note`. Dans la spécificattion en pseudo-Pascal ci-dessus, `A[1..n]`, `B[1..n]` doivent devenir des tableaux de ces enregistrements de type `Machin`, et on doit modifier l'utilisation de `S[k0..k1]` comme suit.

Albert	9
Béatrice	2
Claudia	6
Damien	9
Églantine	0
Frédéric	4
Gaston	2
Hector	9
Isabelle	3
Julien	2
Kristoffer	3
Ludivine	4

On transforme `S[k0..k1]` en données cumulatives : `S[i]` donnera le nombre d'enregistrements dont la clef `Machin.Note` est plus petite ou égale à `i`. On parcourt ensuite le tableau `A` depuis la fin en copiant `A[j]` dans B[S[A[j]]] et en décrémentant S[A[j]] de 1 pour tenir compte des répétitions.

On trouvera la spécification modifiée ci-dessous. À nouveau, la complexité est en $O(n)$ puisque les instructions dans les boucles sont exécutées chacune au plus n fois.

```
TriParDenombrement(A,S) ;
  [ for i :=k0 to k1 do S[i] :=0 ;
  | for j :=1 to n do S[A[j].Note] :=S[A[j].Note]+1 ;
  | for i :=k0+1 to k1 do S[i] :=S[i-1]+S[i] ;
  | (* S est maintenant cumulatif *)
  | for j :=n downto 1 do
  L     B[S[A[j]]] :=A[j] ; S[A[j]] :=S[A[j]]-1
```

Les modifications pour passer de la première spécification à la seconde sont essentiellement faites de manière à produire un tri *stable* ; il y a des cas où la conservation de l'ordre initial est sans importance, mais l'algorithmicien veille si possible à ne pas bloquer l'utilisation des algorithmes sur des situations particulières ; ici, on a transformé un tri utilisable seulement dans le cas concret des tableaux de nombres en un tri plus universellement utilisable, de surcroît stable, sans altérer le niveau de complexité. Dans le premier cas, les nombres étant indiscernables entre eux, la notion de stabilité n'avait aucun sens ; c'est en voulant obtenir naturellement cette stabilité que l'amélioration décisive est apportée.

tri stable

Un autre exemple de tri sans comparaison des éléments entre eux est l'exemple du *tri par numération* (encore appelé *tri par base*). La donnée structurelle qui permet ici de ne pas comparer les éléments à trier entre eux est la donnée d'un ensemble de représentations de nombres, toutes de même longueur k, dans une base donnée (quitte à ajouter des zéros de tête au besoin). Par exemple, pour trier

tri par numération

tri par base

[023, 321, 002, 222, 459, 872, 099, 222]

on utilise le tri par dénombrement pour ordonner ces représentations en fonction des unités, puis à nouveau en fonction des dizaines, et finalement à nouveau en fonction des centaines. Cela donne successivement :

[321, 002, 222, 872, 222, 023, 459, 099] (tri stable par unité)

[002, 321, 222, 222, 023, 459, 872, 099] (tri stable par dizaine)

[002, 023, 099, 222, 222, 321, 459, 871] (tri stable par centaine)

Nous laissons au lecteur le plaisir de montrer que cet algorithme conduit bien à une liste de représentations de ces nombres dans leur ordre naturel, et que ce tri est stable. Quant à la complexité, elle est à nouveau en $O(n)$ puisqu'il s'agit d'exécuter k fois (la longueur des représentations) un algorithme de complexité $O(n)$. Ce tri est particulièrement significatif en informatique quand il s'agit d'ordonner un ensemble de représentations binaires de nombres de longueur fixe (des octets par exemple).

L'origine du tri par numération est floue. La machine à trier les cartes perforées pour le recensement américain de 1900 utilise un tri par numération puisqu'il est mentionné dans son brevet de « trier séparément chaque colonne ». Le tri par numération en partant des unités est mentionné dans un ouvrage allemand de 1929 et dans un manuel d'une machine à trier d'IBM en 1936 (voir [9], page 385, pour de plus amples détails).

Il y a aussi des cas où la donnée structurelle permet des tris qui sont rapides en utilisant à la fois un tri comparatif et un tri non comparatif.

Supposons que nous ayons à trier n nombres décimaux dans l'intervalle $[0, 1) = \{x \in \mathbb{R} : 0 \leq x < 1\}$, stockés dans un tableau `A[0..n-1]` (c'est la donnée structurelle qui ici permet un tri très rapide). Donnons-nous un tableau `B[0,9]` dont les composantes seront des tableaux de nombres décimaux ; dans chaque `B[i]` stockons les `A[j]` tels que $10 \times$ `A[j]` soit de partie entière i ; (*i.e.* `B[i]` contient le sous-tableau des `A[j]` t.q. $[10 \times$ `A[j]]` `= i`) ; alors, par construction, les tableaux `B[i]` sont globalement ordonnés entre eux —chaque t dans un tableau `B[i]` est plus petit que n'importe quel s dans n'importe quel tableau `B[j]` avec $j > i$. Si on ordonne ensuite chacun de ces tableaux avec (disons) un tri rapide et qu'on les concatène, le résultat final est le tableau initial totalement trié (Figure 1.11).

De manière générale, on peut se donner un tableau de N tableaux `B[0,N-1]`, mettre dans chaque `B[i]` les `A[j]` tels que la partie entière de `N`$\times$`A[j] est` i, etc. Ce tri s'appelle *tri par paquets* (les tableaux `B[i]` sont des paquets de nombres que l'on trie individuellement). Dans ce procédé, le tri interne des paquets est comparatif, et le tri des paquets entre eux ne l'est pas. Voici la spécification de cet algorithme en pseudo-Pascal, où n, N et `[0,N-1]` ont le sens qu'on leur a donné ci-dessus.

tri par paquets

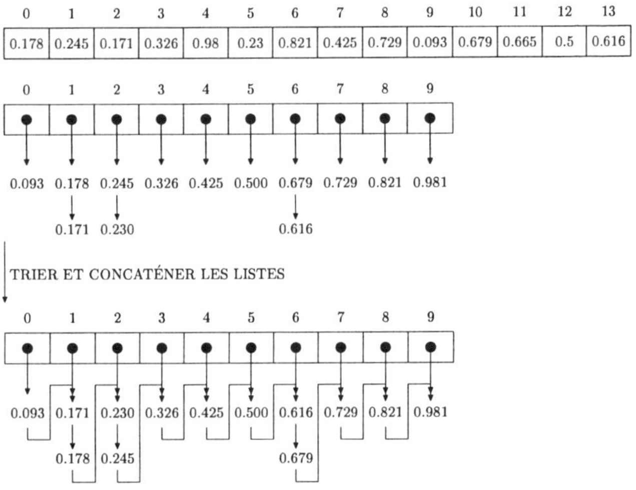

FIGURE 1.11. Un exemple de tri par paquet.

```
TriParPaquet(A) ;
  for i := 0 to n-1 do [ ajouter A[i] à B[[N× A[i]]] ] ;
  for i := 0 to N-1 do TriParTas(B[i]) ;
  Concaténer(B[0], B[1], ..., B[N-1]) ;
```

Ce tri, dans le pire des cas, est de complexité en $O(n\log(n))$: les première et troisième lignes ont chacune une complexité en $O(n)$, et la ligne (2) a dans le pire des cas une complexité en $O(n\log(n))$, ce qui arrive quand tous les nombres de `A[1..n]` se retrouvent dans un même tableau `B[u]`. Il est intéressant d'analyser ce qui se passe dans le cas plus favorable, où la distribution des `A[i]` est essentiellement uniforme dans $[0, 1)$. Les lecteurs qui n'ont pas de connaissances en probabilités peuvent sauter la lecture des lignes qui suivent et passer au chapitre suivant. Ceux qui voudraient un excellent ouvrage introductif aux probabilités pourront étudier [10].

Pour chaque $j = 0, 1, \ldots, N-1$, notons n_j la variable aléatoire donnant le nombre de `A[i]` stockés dans `B[j]`. Le temps moyen total pour trier les paquets est $\sum_{i=0}^{N-1} O(\mathrm{E}(n_i\log(n_i)))$ —la complexité du tri par tas est en $O(n\log(n))$—, c'est-à-dire $O\left(\sum_{i=0}^{N-1}\mathrm{E}(n_i\log(n_i))\right)$. Cette complexité est *a fortiori* $O\left(\sum_{i=0}^{N-1} \mathrm{E}(n_i^2)\right)$.

Si la distribution est uniforme, la probabilité p qu'un certain `A[i]` soit dans un `B[j]` particulier est $\frac{1}{n}$ et la variable n_j suit la loi binomiale de paramètres n et p ; on a donc $E[n_j] = np = 1$ et $\mathrm{Var}(n_j) = np(1-p) = 1-\frac{1}{n}$. Il s'ensuit que $\mathrm{E}(n_j^2) = \mathrm{Var}(n_j) + \mathrm{E}^2(n_j) = \left(1 - \frac{1}{n}\right) + 1 = 2 - \frac{1}{n}$. On en conclut que $O\left(\sum_{i=0}^{N-1} \mathrm{E}(n_i^2)\right) = O(n)$, et donc que cet algorithme de tri de n nombres décimaux dans $[0, 1)$ a une complexité en $O(n)$ quand les valeurs du tableau `A[1..n]` sont uniformément distribuées dans $[0, 1)$.

1.9. Quel algorithme choisir ? —

La question du choix de l'algorithme de tri n'a pas de réponse universelle. Nous avons déjà indiqué cela au cours de la remarque de la page 36. La réponse à cette question est un composé des réponses aux questions suivantes :

1. Dispose-t-on de beaucoup de mémoire ?
2. Veut-on un tri stable ?
3. Les objets à trier sont-ils aléatoirement mélangés, ou sont-ils presque triés ? Y-a-t-il des blocs qui sont individuellement presque triés, mais qui sont aléatoirement mélangés entre eux ? Ou bien de manière complémentaire, des blocs qui sont chacun aléatoirement distribués, mais globalement presque triés ?
4. Dispose-t-on d'une structure naturelle des données rendant possible un tri non comparatif ?
5. Y-a-t-il possibilité d'utiliser des algorithmes de tri différents sur des blocs que l'on fusionnera ?

Nous rassemblons dans un tableau (Tableau 1.2, page 46) les propriétés des différents algorithmes que nous avons décrits comme ingrédients de réponse à certaines questions ci-dessus.

Notons que deux algorithmes peuvent consommer chacun un temps en $O(n \log(n))$ dans le meilleur des cas et ne pas se valoir dans des cas particuliers ; la pratique montre que si les objets à trier sont uniformément répartis, alors le tri rapide tend à être meilleur que les autres algorithmes comparatifs en $O(n \log(n))$.

D'autre part, les constantes utilisées dans les majorations peuvent faire une différence significative. Par exemple, si à cause de certains critères (types d'objets à ranger et types de représentations) un algorithme consomme un temps majoré par $2n^2$, et un autre un temps majoré par $80n^2$,

Nom	Complexité	Sur place ?	Stable ?	Récursif ?
Tri par insertion	$O(n^2)$	oui	oui	non
Tri par fusion	$O(n\log(n))$	non	oui	oui
Tri rapide	$O(n^2)$ si déjà trié, $O(n\log(n))$ si uniforme.	oui	oui	oui
Tri par tas	$0(n\log(n))$	oui	oui	Utilise des procédures récursives.

TABLEAU 1.2. Comparaison des algorithmes de tri

les deux sont en $0(n^2)$, mais l'un est quarante fois plus rapide (la différence entre un diaporama et le cinéma pour donner une idée !).

En dehors des considérations générales que nous avons faites tout au long de ce chapitre sur les algorithmes de tri, l'analyse des particularités des cas peut guider les choix. Ces comparaisons fines sont aussi le travail de l'algorithmicien.

2. La programmation dynamique

Il y a de nombreux problèmes où une solution naturelle s'impose, dont la complexité croît *exponentiellement* avec la taille des données. Ce chapitre s'intéressera aux plus faciles de ces cas parce que la complexité y croît exponentiellement en raison d'un grand nombre de répétitions à l'identique d'un ensemble important de tâches.

Si ces tâches ne croissent pas exponentiellement en nombre et sont chacune d'une complexité raisonnable, on peut « *quotienter* » la complexité du problème de manière substantielle en notant en temps réel (*i.e.* dynamiquement) les résultats de ces tâches intermédiaires qui se répètent. Ce « quotient » dynamique de la complexité par identification à leurs résultats des sous-tâches répétées est le principe de base de la « programmation dynamique ».

Après l'exemple simple du calcul des termes de la suite de FIBONACCI, nous illustrons le sujet avec l'exemple de la recherche des *triangulations* optimales (en un sens à définir) d'un polygone convexe par des cordes. Nous clôturons le chapitre en utilisant l'algorithme de recherche des triangulations optimales aux produits des chaînes de matrices, qui est « associatif en valeur mais non associatif en complexité ».

2.1. Calcul de la suite de Fibonacci — La *suite de* FIBONACCI est la suite dont les deux premiers termes sont 0 et 1, et dont chacun des autres termes est la somme des deux précédents :

suite de Fibonacci

$$F(0) = 0 \qquad F(1) = 1 \qquad F(n+1) = F(n) + F(n-1).$$

Cette définition récursive n'est autre que la spécification suivante :

```
F(n) ;
  [case n of :
     [0 : 0;   1 : 1;   else : F(n-2)+F(n-1) ; ]
  endcase ;
```

C'est simple. Mais il n'existe pas et n'existera jamais de machine capable de calculer $F(1000)$ en suivant cette spécification. La raison en est fort simple. Voici un arbre binaire décrivant l'enchaînement des appels de F à elle-même dans le calcul de $F(n+1)$:

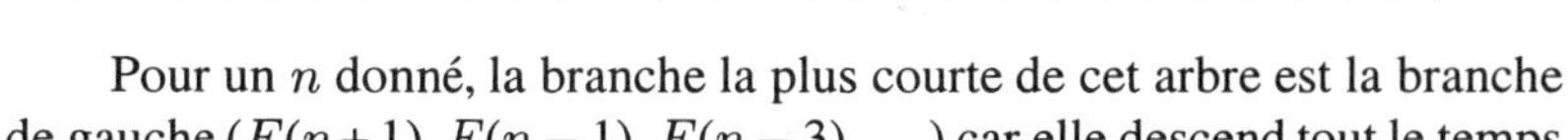

Pour un n donné, la branche la plus courte de cet arbre est la branche de gauche ($F(n+1), F(n-1), F(n-3), \ldots$) car elle descend tout le temps par saut de deux ; cela implique que le nombre d'auto-appels de la fonction récursive F est au moins le nombre de nœuds d'un arbre binaire complet de hauteur $n/2$ dont tous les niveaux sont saturés (en réalité beaucoup plus), c'est-à-dire, en supposant n pair pour simplifier,

$$1 + 2 + 2^2 + \ldots + 2^{\frac{n}{2}} = 2^{\frac{n}{2}+1} - 1.$$

Ainsi, pour calculer F(1000) (un nombre de 209 chiffres décimaux), F effectue au moins $2^{500} - 1 > 10^{150}$ auto-appels ; si on songe que le nombre estimé d'atomes dans l'univers visible est de l'ordre de 10^{80}, cet algorithme récursif pour calculer les nombres de FIBONACCI est totalement inutilisable ; même si chaque atome de votre ordinateur devenait un ordinateur et que ces ordinateurs travaillaient tous ensemble de manière « optimisée », cette méga-machine ne pourrait pas gérer la pile des appels !

L'extraordinaire complexité d'exécution de cet algorithme récursif tient à ce que exactement les mêmes calculs sont refaits un très grand nombre de fois au cours d'appels différents, donc en fait redondants. La complexité provient de l'explosion des tâches en une multitude de copies d'elles-mêmes.

L'idée fort simple de construire progressivement la suite de FIBONACCI en chaînant les résultats dans une liste conduit à un algorithme bien plus efficace ; l'idée de noter les résultats intermédiaires comme le fait cet algorithme plus simple contient l'essentiel de la programmation dynamique. Pour cela, bien sûr, il est nécessaire que le nombre des résultats intermédiaires ne croisse pas trop vite ; dans le cas du calcul de la suite de FIBONACCI $\{f_n\}$, les résultats intermédiaires pour le calcul de f_n croissent linéairement avec n.

Le calcul de la suite de FIBONACCI est un exemple scolaire assez singulier par sa simplicité. Il est fort loin d'en être toujours ainsi ! Nous présentons maintenant un exemple où la programmation dynamique fait miracle, mais qui n'est pas un exemple scolaire transparent ; les résultats intermédiaires y croissent comme le carré de la taille de la donnée initiale : il s'agit du problème de calculer les triangulations (avec des *cordes*) de coût optimal d'un polygone convexe, quand on associe un coût à chaque triangle d'une triangulation (voir le paragraphe suivant).

Le problème du coût optimal des triangulations a une propriété remarquable toujours très intéressante dans le contexte de la programmation dynamique ; chaque problème se découpe lors des appels récursifs en sous-problèmes complémentaires indépendants ; si une corde appartient à une triangulation optimale d'un polygone P, les deux polygones P' et P'' en lesquels elle décompose le polygone P héritent chacun d'une triangulation optimale, et si on obtient des triangulations optimales de P' et de P'', leur union est une triangulation optimale de P. Nous allons tirer profit de cette propriété au paragraphe suivant dans le cas du calcul des triangulations optimales.

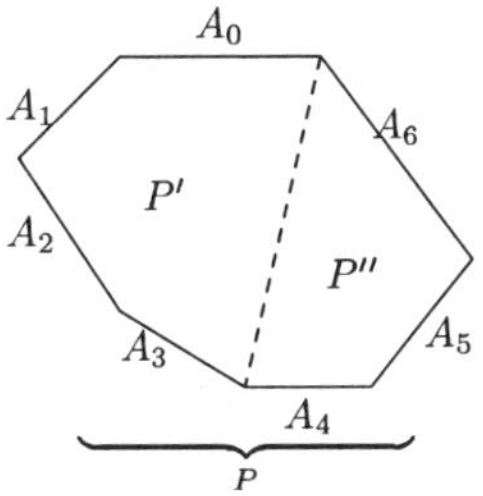

La situation est fort différente dans le cas de la suite de FIBONACCI : le calcul de $F(n)$ se décompose en deux sous problèmes, ceux du calcul de $F(n-1)$ et de $F(n-2)$, qui ne sont ni complémentaires ni indépendants.

2.2. Triangulations pondérées des polygones — Soit un polygone convexe à découper en triangles par des cordes, c'est-à-dire des segments reliant deux sommets ; voici par exemple trois triangulations d'un même polygone avec des cordes :

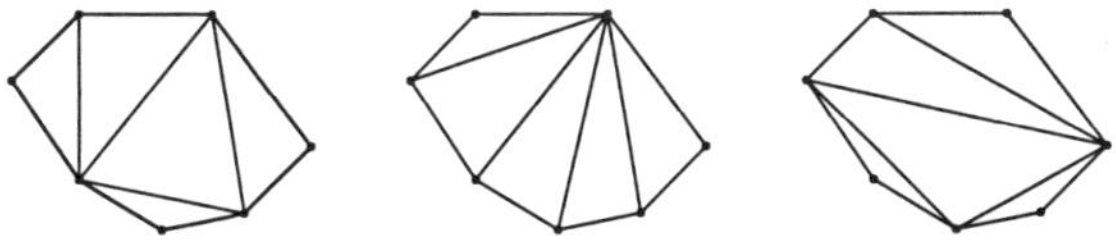

Supposons aussi donnée une fonction coût (arbitraire) qui associe à chaque triangle un nombre réel positif (comme par exemple la racine carrée du périmètre). Chaque triangulation a un coût total qui est la somme des coûts des différents triangles. Le problème à résoudre est, pour un polygone donné, de trouver une triangulation optimale pour un critère de coût donné, disons pour notre traitement du sujet, un coût minimal. Convenons pour la suite que le polygone n'est pas un triangle car la solution est alors triviale.

La première étape vers la description d'un algorithme qui résout ce problème est le codage des triangulations. Pour ce faire, *orientons* le polygone et distinguons une arête particulière, disons A_0 ; nommons ensuite circulairement, dans le sens de l'orientation choisie, les autres arêtes : A_1, $A_2, \ldots, A_n$ (voir la figure de gauche ci-après).

Supposons maintenant donnée une triangulation du polygone avec des cordes. Le choix d'une orientation du polygone, puis d'une arête de base ainsi que d'une triangulation —on parle de polygone *pointé* orienté— induit canoniquement un arbre binaire que nous décrivons maintenant.

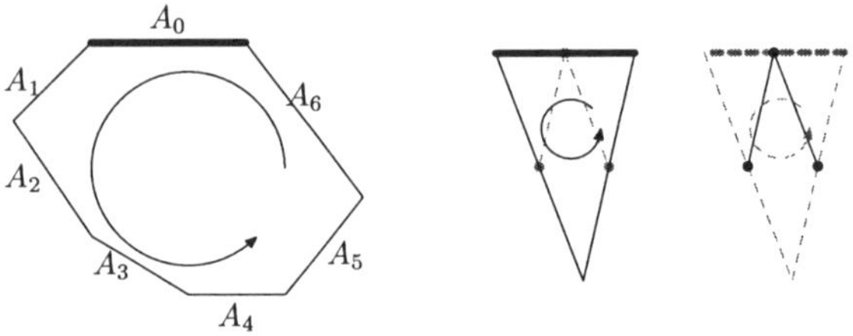

Un triangle orienté dans lequel on distingue une arête définit naturellement un arbre binaire complet à trois sommets « père/fils-gauche/fils-droit » : le père est l'arête distinguée, le fils gauche est la première arête dans le sens de la rotation définie par l'orientation, le fils droit l'arête suivante (figure ci-dessus).

Il en découle que la combinatoire d'une triangulation (avec des cordes) d'un polygone orienté dans lequel on distingue une arête équivaut à la donnée de l'arbre binaire (1) dont le niveau 1 est l'arbre défini par l'unique triangle dans lequel on distingue l'arête distinguée du polygone (en grisé ci-dessous) ; (2) dont le niveau $k + 1$ est constitué des arbres binaires correspondant aux triangles orientés (à l'aide de l'orientation induite par celle du polygone) marqués par les fils des sommets (=les cordes) de niveau k.

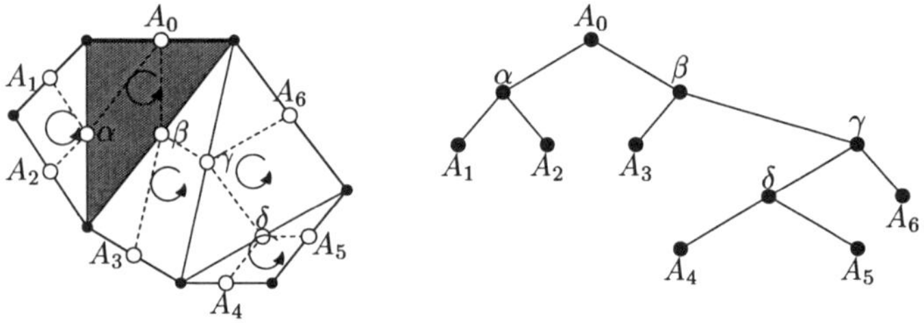

Chaque triangle de la triangulation est un triangle orienté dont on distingue une arête, à savoir celle qui est un père dans la structure arborescente. Le lecteur est invité à dessiner des exemples avec des triangulations quelconques, pour réaliser que cette technique ne définit pas d'arbre si on ne triangule pas seulement avec des cordes.

Il est immédiat que la donnée d'un arbre issu d'une triangulation d'un polygone pointé orienté permet de récupérer totalement la combinatoire de cette triangulation en déterminant toutes les relations d'adjacence, le point de base et une orientation ; à déformation près, une triangulation d'un polygone pointé orienté est totalement déterminée par son arbre. Compter les triangulations (par des cordes) d'un polygone à $n+1$ côtés revient donc à compter les arbres binaires à n feuilles, et par conséquent, aussi à compter les parenthésages dans un produit de n termes.

Il est aussi facile de voir que si on attribue un coût à chaque triangle d'une triangulation, ce coût peut se noter sur les nœuds de l'arbre qui ne sont pas des feuilles, car chacun d'eux détermine un unique triangle ; par exemple, dans l'exemple ci-dessous, le nœud α détermine l'unique triangle ayant A_1 et A_2 sur son bord car A_1 et A_2 sont ses fils ; de manière générale, un nœud détermine l'unique triangle dont les arêtes sont lui-même et ses fils. Quand on attribue un poids à chaque nœud qui n'est pas une feuille, on parle d'un arbre à *nœuds pondérés*. nœuds pondérés

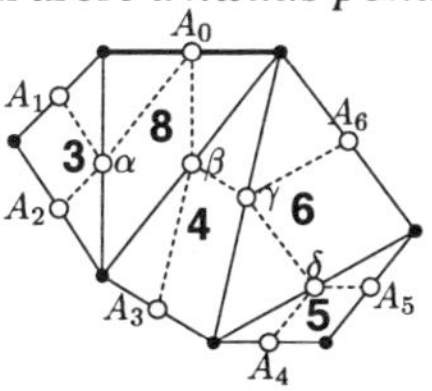

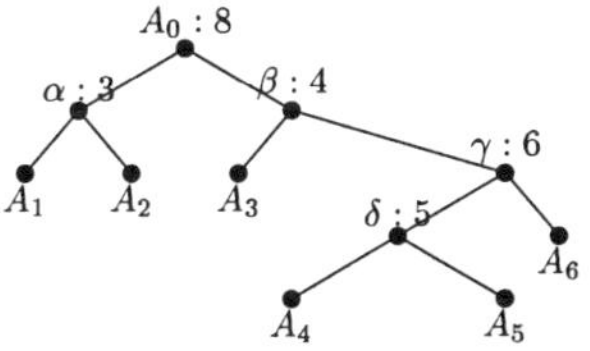

L'important étant non pas le détail des coûts triangle par triangle dans une triangulation mais le coût total de la triangulation, on transforme l'arbre à nœuds pondérés ci-dessus en augmentant le poids de chaque nœud de la somme des poids des nœuds sous lui-même ; ainsi γ devient de poids $11 = 6+5$, β de poids $15 = 5+6+4$, A_0 de poids $26 = 8+3+4+6+5$; ces poids cumulés déterminent exactement la pondération triangle par triangle et permettent de lire à la racine le coût total de la triangulation.

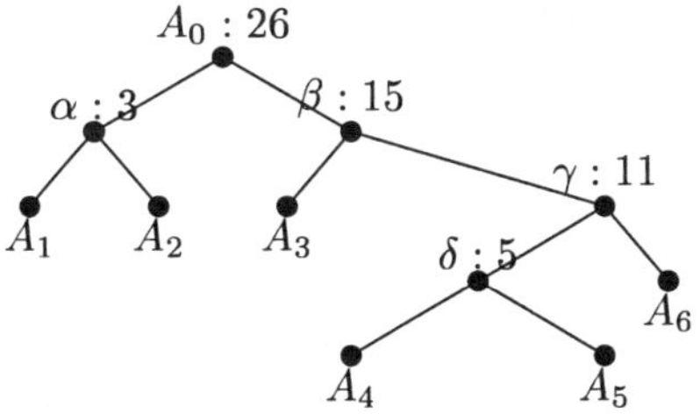

Pour connaître le « vrai » poids d'un nœud il suffit de lui soustraire alors les valeurs de ses fils.

Étant donnée une fonction Γ, qui à chaque triangle possible d'une triangulation d'un polygone convexe associe un coût, une méthode directe pour trouver une triangulation optimale — disons ici « de coût minimal » — consiste à énumérer toutes les arborescences ayant pour feuilles les arêtes, et de choisir parmi ces arborescences les configurations qui décrivent des triangulations de moindre coût. La difficulté de cette méthode directe est que le nombre d'arborescences à n feuilles croît exponentiellement avec n.

Si B_n désigne le nombre d'arbres binaires à n feuilles, on a la formule récursive

$$B_n = \begin{cases} 1 & \text{si } n = 1 \\ \sum_{k=1}^{n-1} B_k B_{n-k} & \text{sinon} \end{cases} \tag{2.1}$$

La somme $\sum_{k=1}^{n-1} B_k B_{n-k}$ provient de la considération de tous les arbres de la forme de la figure ci-dessous, pour les valeurs de $k = 1, 2, \ldots, n-1$. Nous allons utiliser cette formule récursive pour calculer explicitement les B_n.

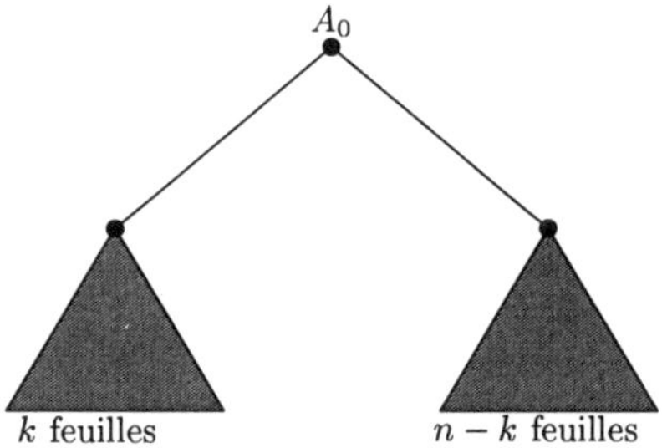

Pour ce calcul, nous ouvrons une parenthèse technique plus difficile, et le lecteur qui le souhaite peut passer directement à la formule 2.3 en page 55.

corps Un *corps* est un ensemble muni d'une « addition » et d'une « multiplication » ayant les mêmes propriétés formelles que $\mathbb{R}$ avec son addition et sa multiplication : « + » est associative, admet un élément neutre (0), ..., « × » est distributive par rapport à l'addition, ..., et surtout, chaque $x \neq 0$ de $\mathbb{R}$ a un inverse pour la multiplication (lequel est noté $1/x$). Les exemples usuels de corps sont $\mathbb{R}$ (les nombres réels), $\mathbb{Q}$ (les nombres rationnels), $\mathbb{C}$ (les nombres complexes), et les $\mathbb{Z}/p\mathbb{Z}$ (les entiers modulo un nombre premier p). Voici un autre exemple d'une importance considérable en combinatoire, et donc dans les mathématiques qu'utilise l'algorithmique.

série formelle Une *série formelle* en x à coefficients dans $\mathbb{Q}$ est une expression infinie

$$\sum_{i=0}^{\infty} c_i x^i = c_0 + c_1 x + c_2 x^2 + c_3 x^3 + \cdots + c_n x^n + \cdots$$

(moralement, penser à un polynôme de degré (éventuellement) infini à coefficients dans $\mathbb{Q}$ écrit suivant les puissances croissantes) ; on note $\mathbb{Q}[[x]]$ l'anneau des séries formelles en x à coefficients dans $\mathbb{Q}$.

Par exemple, x est une série formelle (tous les coefficients c_i sont nuls sauf $c_1 = 1$), tous les polynômes sont des séries formelles,

$$1 + x + 2x^2 + 3x^3 + 4x^4 + \ldots + nx^n + \ldots$$

est une série formelle etc. Il n'y a aucune notion de convergence dans la notion de séries formelles ; d'ailleurs, nous ne considérons les coefficients dans $\mathbb{Q}$ que pour notre besoin, les coefficients pouvant être (par exemple) dans $\mathbb{Z}$.

Exactement comme on fabrique $\mathbb{Q}$ à partir de $\mathbb{Z}$ en considérant les fractions $\frac{a}{b}$ ($a,\ b \in \mathbb{Z}, b \neq 0$), on fabrique le corps des séries formelles à coefficients dans $\mathbb{Q}$, que l'on note $\mathbb{Q}(x)$; par exemple

$$\frac{1 + x}{1 + x + 2x^2 + 3x^3 + 4x^4 + \ldots + nx^n + \ldots}$$

$$1 + x = \frac{1 + x}{1}$$

sont des éléments de ce corps –le *corps de fractions de* $\mathbb{Q}[x]$. Le lecteur sait faire des produits dans ce corps ; par exemple, corps de fractions de $\mathbb{Q}[x]$

$$\begin{aligned}(a_0 + a_1x + a_2x^2 + \cdots +)&(b_0 + b_1x + b_2x^2 + \cdots +)\\ &= a_0b_0 + (a_1b_0 + a_0b_1)x\\ &\quad +(a_0b_2 + a_1b_1 + a_2b_0)x^2 + \cdots\\ &\quad + \left(\sum\nolimits_{i+j=n} a_ia_j\right) x^n + \cdots\end{aligned}$$

Ce produit se calcule *verbatim* comme quand on calcule le produit de deux polynômes. Dans le contexte qu'est le nôtre, l'intérêt de ce corps est qu'on peut y utiliser la formule (généralisée) du binôme de NEWTON pour y calculer en particulier des racines carrées et résoudre par exemple des trinômes du second degré comme le lecteur a appris à le faire au lycée. Ainsi, l'équation en X

$$\left(\frac{x}{4}\right) X^2 + X + 1 = 0$$

s'y résout comme $aX^2+bX+c = 0$, avec la formule $X = \dfrac{-b \pm (b^2 - 4ac)^{\frac{1}{2}}}{2a}$, en posant $b = 1, a = \dfrac{x}{4}, c = 1$; comme dans ce cas $b^2 - 4ac$ est $(1 - x)$ et que, par la formule généralisée du binôme de NEWTON,

$$(1-x)^{\frac{1}{2}} = 1 - \frac{(\frac{1}{2})}{1}x - \frac{(\frac{1}{2})(\frac{1}{2})}{2!}x^2 - \frac{(\frac{1}{2})(\frac{1}{2})(\frac{3}{2})}{3!}x^3 + \dots$$

le trinôme ci-dessus a pour racines les deux séries formelles

$$\frac{-1 \pm \left(1 - \frac{(\frac{1}{2})}{1}x - \frac{(\frac{1}{2})(\frac{1}{2})}{2!}x^2 - \frac{(\frac{1}{2})(\frac{1}{2})(\frac{3}{2})}{3!}x^3 + \dots\right)}{\frac{x}{2}}$$

Ce calcul n'est pas plus difficile que les calculs des lycéens sur les trinômes du second degré, il est simplement plus touffu.

La suite d'entiers $B_1, B_2, \dots, B_n, \dots$ définit canoniquement l'élément

$$C = B_1 + B_2x + B_3x^2 + \dots + B_nx^n + \dots \tag{2.2}$$

du corps des fractions des séries formelles sur $\mathbb{Q}$. Si on élève cet élément C au carré (*i.e.* si on le multiplie par lui-même) on obtient

$$C^2 = B_1^2 + (B_1B_2 + B_2B_1)x + (B_1B_3 + B_2B_2 + B_3B_1)x + \dots$$

Au vu de la formule 2.1 (page 52), on a

$$C^2 = B_2 + B_3x + B_4x^2 + \dots + B_{n+2}x^n + \dots$$

Il s'ensuit que $xC^2 + 1 = C$, c'est-à-dire que C est un zéro du trinôme (en X)

$$x\,X^2 - X + 1$$

dont les coefficients x, -1 et $+1$ sont dans le corps des séries formelles sur $\mathbb{Q}$. Quand on utilise la formule du binôme de NEWTON pour mettre le discriminant à la puissance $\frac{1}{2}$, puis la formule donnant les racines du trinôme, comme on l'a fait dans l'exemple ci-dessus, on obtient

$$C = 1 + \tfrac{1}{2}\tbinom{2}{1}x^1 + \tfrac{1}{3}\tbinom{4}{2}x^2 + \dots + \tfrac{1}{4}\tbinom{6}{3}x^3 + \dots$$

$$= \sum_{k=0}^{\infty} \frac{1}{k+1}\binom{2k}{k}x^k$$

Mais dans la définition de C, qui est donnée en 2.2, le coefficient de x^n est B_{n+1} ; on a donc

$$B_{n+1} = \frac{1}{n+1}\binom{2n}{n} = \frac{1}{n+1} \times \frac{(2n)!}{(n!)^2} \tag{2.3}$$

la valeur 2.3 est appelée le n-ième *nombres de* CATALAN . Il découle de cette formule que nombres de Catalan

$$B_{n+1} = \frac{1}{n+1} \times \frac{(2n)(2n-1)\cdots(2n-n+1)}{n!}$$

$$= \frac{1}{n+1} \left(\frac{2n}{n} \times \frac{2n-1}{n-1} \times \frac{2n-2}{n-2} \ldots \times \frac{2n-(n-1)}{(n-1)} \right)$$

$$= \frac{1}{n+1} \left(2 \times \frac{2(n-1)+1}{(n-1)} \ldots \times \frac{2(n-t)+t}{(n-t)} \cdots \times \underbrace{(n+1)}_{\frac{(2n-(n-1))+(n-1)}{n-(n-1)}} \right)$$

$$= \left(2 \times \frac{2(n-1)+1}{(n-1)} \ldots \times \frac{2(n-t)+t}{(n-t)} \cdots \times \underbrace{(n+2)}_{\frac{2(n-(n-2))+(n-2)}{n-(n-2)}} \right)$$

$$= \left(2 \times \left(2 + \frac{1}{(n-1)} \right) \ldots \times \left(2 + \frac{t}{(n-t)} \right) \cdots \times \left(2 + \frac{n-2}{2} \right) \right)$$

$$> 2^{n-1}$$

On peut aussi se servir de la formule de Stirling (page 37) pour montrer que $B_{n+1} > \frac{1}{\sqrt{2\pi n}} e^n$; nous le proposons en exercice au lecteur.

Il s'ensuit que B_n croît exponentiellment avec n, ce que nous voulions montrer.

La fonction $\mathbb{Q}(x) \longrightarrow \mathbb{Q}(x)$ donnée par

$$x \mapsto B_1 + B_2 x + B_3 x^2 + \cdots \; B_n x^{n-1} + \ldots$$

est appelée une *fonction génératrice* des B_n ; les calculs avec cette fonction encapsulent automatiquement l'arithmétique de la combinatoire du nombre de triangulations d'un polygone convexe. fonction génératrice

Nous profitons de cet exemple pour insister de nouveau sur le fait que l'algorithmique est une branche des mathématiques et que l'agorithmicien, comme tout mathématicien, est appelé à utiliser les branches des mathématiques les plus diverses (combinatoire, analyse, théorie des nombres, etc.).

L'algorithmique se distingue ainsi de la programmation, même si celle-ci en est empreinte.

Revenons au problème de la triangulation des polygones convexes ; la méthode directe qui consiste à évaluer le coût de chaque triangulation puis à choisir la meilleure est vouée à l'échec car sa complexité croît exponentiellement avec le nombre d'arêtes.

La formule 2.1 a permis de montrer que B_n croît exponentiellement avec n, mais elle donne aussi une autre indication ; pour voir laquelle, considérons l'évaluation de B_8 ; la formule dit

$$B_8 = B_1B_7 + B_2B_6 + B_3B_5 + B_4B_4 + B_5B_3 + B_6B_2 + B_7B_1$$

Pour évaluer cette expression, il faut évaluer $B_6, B_5, \ldots$:

$$\begin{aligned} B_7 &= B_1B_6 + B_2B_5 + B_3B_4 + B_4B_3 + B_5B_2 + B_6B_1 \\ B_6 &= B_1B_5 + B_2B_4 + B_3B_3 + B_4B_2 + B_5B_1 \\ B_5 &= B_4B_1 + B_2B_3 + B_3B_2 + B_4B_1 \\ &\ldots \end{aligned}$$

Il est évident que l'exécution fidèle de la formule récursive pour B_8 nécessite d'évaluer un grand nombre de fois B_3, B_4, B_5, etc., et que pour évaluer ces derniers il faudra à nouveau évaluer d'autres B_j ; cet amoncellement de tâches identiques rend la formule récursive (α) inutilisable pour le calcul. Les évaluations des B_j correspondent au décompte des sous-arbres à 3, 4, 5, ... feuilles, c'est-à-dire aux sous-arbres $A_{i..j}$ —où $A_{i..j}$ désigne le sous-arbre dont les feuilles sont A_i, A_{i+1}, ...,A_j. Ainsi, sans la répétition des évaluations des B_3, B_4, etc., la complexité réelle semble essentiellement dictée par le nombre de paires (i, j) avec $i \leq j$, ce qui est $\binom{n}{2} + n = \frac{n^2+n}{2} = O(n^2)$, et non pas exponentiel en n.

Donc, pour « quotienter » la complexité et la réduire à une complexité polynomiale, il faut identifier entre elles les évaluations de coût des mêmes $A_{i..j}$, c'est-à-dire consigner dans un tableau ces coûts, et utiliser ce tableau au lieu de refaire les calculs à chaque fois qu'une évaluation d'un B_k le nécessite.

L'algorithme du calcul d'une triangulation optimale utilise deux tableaux bidimensionnels. Le premier, noté `Opt[i,j]`, contient le coût optimum des triangulations du « sous-polygone » dont les arêtes sont A_i, A_{i+1}, A_{i+2} ..., A_j et la corde X, $i \leq j$, la valeur d'un triangle dégénéré (*i.e.*plat) étant 0 —l'arête étant considérée comme un triangle dégénéré.

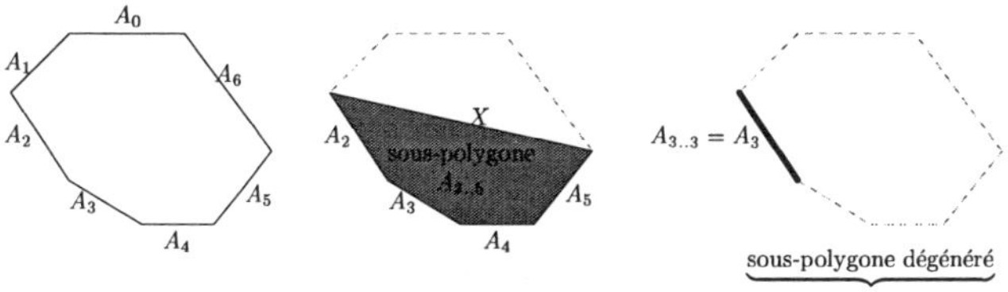

Le second est le tableau des « coupures », que l'on notera `Cut[i,j]` et qui indique dans une liste la feuille la plus à droite de la branche gauche de l'arbre binaire codant chaque triangulation optimale de $A_{i..j}$. Par exemple, s'il y a une unique triangulation optimale de $A_{3..8}$ décrite par

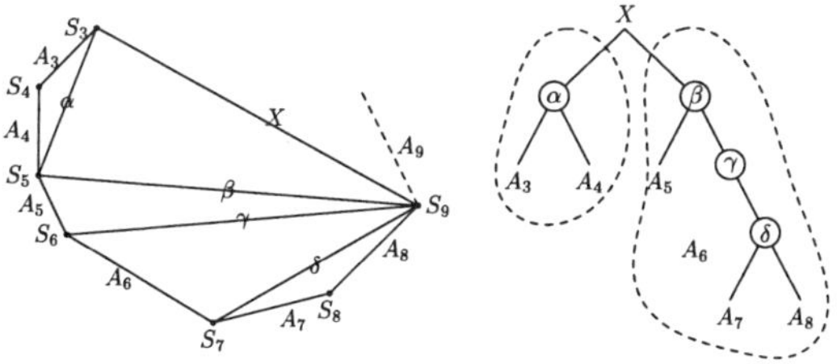

alors `Cut[3,8]` vaut 4 car la feuille la plus à droite de « la branche gauche » de l'arbre est A_4 ; cela signifie que l'on coupe après A_4, ou encore que la corde S_3S_5 fait partie d'une triangulation optimale (S_5 est la source de A_5, ou encore le but de A_4, les indices étant compris modulo le nombre d'arêtes).

S'il y a deux triangulations optimales de $A_{3..8}$, disons en plus de celle qui est donnée ci-dessus

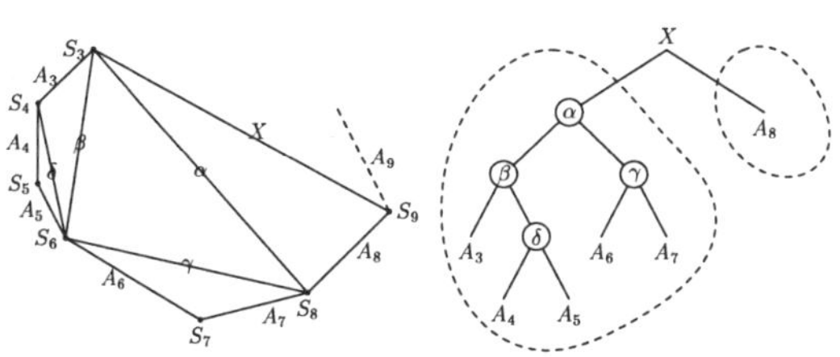

alors `Cut[3,8]` est la liste $\{4, 7\}$.

La formule 2.1 (voir page 52) indique comment remplir le tableau `Opt[1..n,1..n]`. Notons S_i le sommet source de l'arête orientée A_i, et $\langle i, k+1, j+1\rangle$ le triangle de sommets S_i, S_{k+1}, S_{j+1}. Étant donnée une fonction Γ, qui à chaque triangle attribue un coût, `Opt[i,j]` vaut 0 si $i = j$ et

$$\min_{i \le k < j} \{\texttt{Opt[i,k]} + \texttt{Opt[k+1,j]} + \Gamma\langle i, k+1, j+1\rangle\} \tag{2.4}$$

(si l'optimum est le maximum, on remplace min par max).

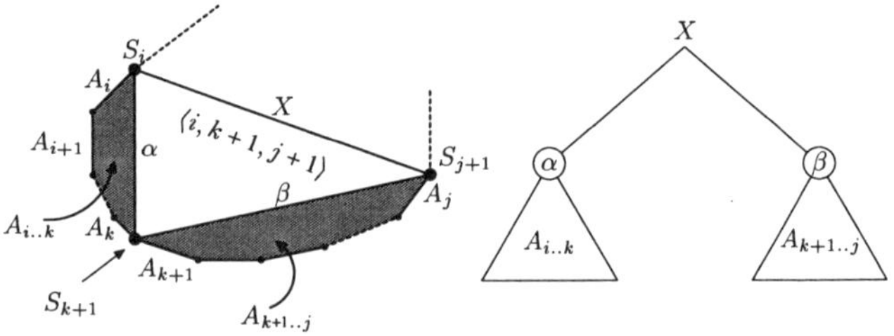

Supposons donné un polygone convexe dont les arêtes, dans l'ordre circulaire d'une orientation choisie, sont A_0, A_1, A_2, A_3, A_4, A_5, A_6, et ont chacune un poids, respectivement $\gamma_0 = 3$, $\gamma_1 = 2$, $\gamma_2 = 6$, $\gamma_3 = 4$, $\gamma_4 = 3$, $\gamma_5 = 5$, $\gamma_6 = 2$; pour la suite, on y distingue l'arête A_0. Soit maintenant la fonction Γ, définie pour chaque triangle, comme la somme des poids des arêtes du polygone qui lui sont adjacentes ; par exemple, la triangulation ci-dessous a un coût de $12 + 15 + 20 + 14 + 22 = 83$:

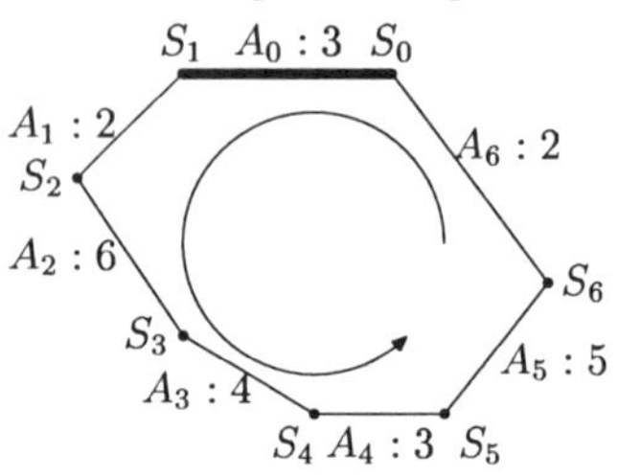

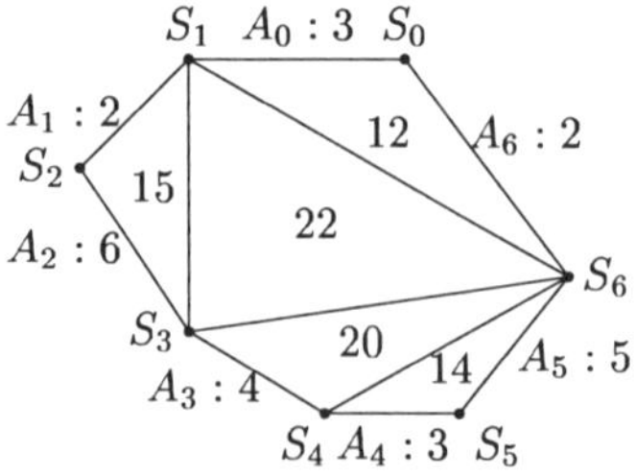

$15 = 3 + 2 + 6 + 4$
$20 = 6 + 4 + 3 + 5 + 2$
$14 = 4 + 3 + 5 + 2$
$12 = 5 + 2 + 3 + 2$
$22 = 3 + 2 + 6 + 4 + 5 + 2$

Nous construisons `Opt[0..6,0..6]` et `Cut[0..6,0..6]` pour ce polygone et cette fonction Γ. Il est immédiat que pour tous les i :

$$\left[\quad \underbrace{\texttt{Opt[i,i]=0}}_{\text{Coût du triangle dégénéré } A_i} \qquad \underbrace{\texttt{Opt[i,i+1]} = \gamma_{i-1} + \gamma_i + \gamma_{i+1} + \gamma_{i+2}}_{\substack{\text{Coût du triangle } \langle i, i+1, i+2\rangle \\ \text{bordé par } A_i,\ A_{i+1} \text{ et une corde}}} \right.$$

$\underbrace{\texttt{Cut[i,i]=i}}$

L'arbre binaire est réduit à A_i. A_i est la feuille la plus à droite de la branche gauche. Il n'y a pas de branche droite.

$\underbrace{\texttt{Cut[i,i+1]=i}}$

L'arbre binaire est réduit à un fils gauche A_i, et un fils droit A_{i+1}. A_i est la feuille la plus à droite de la branche gauche.

Le lecteur est invité à recopier le polygone en plusieurs exemplaires avec le poids de ses côtés pour faire les calculs. Compte tenu des données ci-dessus, le remplissage de `Opt[0..6,0..6]` et `Cut[0..6,0..6]` commence donc par

	A0	A1	A2	A3	A4	A5	A6
A6						13	0
A5					14	0	
A4				18	0		
A3			15	0			
A2		15	0				
A1	13	0					
A0	0						

`Opt[0..6,0..6]`

	A0	A1	A2	A3	A4	A5	A6
A6						5	6
A5					4	5	
A4				3	4		
A3			2	3			
A2		1	2				
A1	0	1					
A0	0						

`Cut[0..6,0..6]`

Le remplissage de la couche $(i, i+2)$ se fait à l'aide de la formule 2.4 (page 58), dont voici le détail pour cette couche.

$$\texttt{Opt[0,2]} = \min \begin{cases} \underbrace{\texttt{Opt[0,0]}}_{0} + \underbrace{\texttt{Opt[1,2]}}_{15} + \underbrace{\Gamma\langle 0,1,3\rangle}_{17} = 32 \\ \underbrace{\texttt{Opt[0,1]}}_{13} + \underbrace{\texttt{Opt[2,2]}}_{0} + \underbrace{\Gamma\langle 0,2,3\rangle}_{17} = 30 \end{cases}$$

Donc, `Cut[0,2]`$=\{1\}$ (*i.e.* le minimum, qui est 30, est obtenu en coupant après A_1). Ci-contre $\langle 0,1,3\rangle$ et $\langle 0,2,3\rangle$

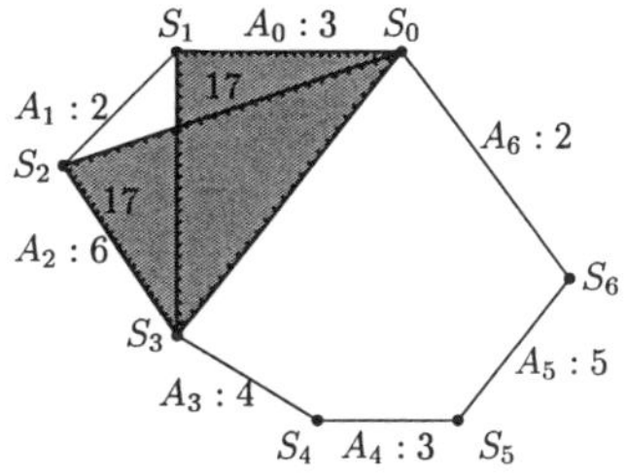

(Les tableaux finaux `Opt` et `Cut` sont en page 65).

$$\texttt{Opt}[1,3] = \min \begin{cases} \underbrace{\texttt{Opt}[1,1]}_{0} + \underbrace{\texttt{Opt}[2,3]}_{15} + \underbrace{\Gamma\langle 1,2,4\rangle}_{18} = 33 \\ \underbrace{\texttt{Opt}[1,2]}_{15} + \underbrace{\texttt{Opt}[3,3]}_{0} + \underbrace{\Gamma\langle 1,3,4\rangle}_{18} = 33 \end{cases}$$

$$\texttt{Opt}[2,4] = \min \begin{cases} \underbrace{\texttt{Opt}[2,2]}_{0} + \underbrace{\texttt{Opt}[3,4]}_{18} + \underbrace{\Gamma\langle 2,3,5\rangle}_{20} = 38 \\ \underbrace{\texttt{Opt}[2,3]}_{15} + \underbrace{\texttt{Opt}[4,4]}_{0} + \underbrace{\Gamma\langle 2,4,5\rangle}_{20} = 35 \end{cases}$$

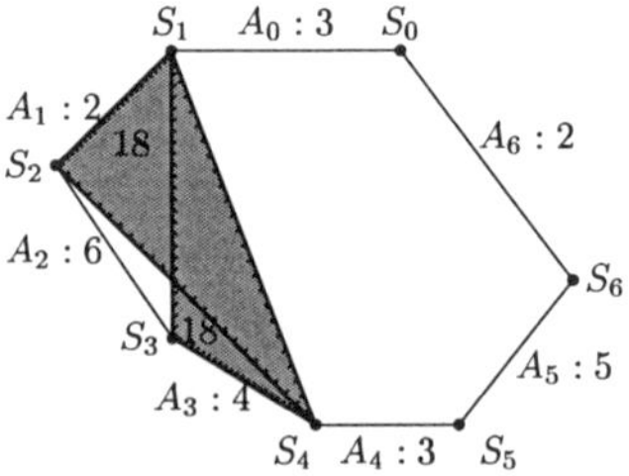

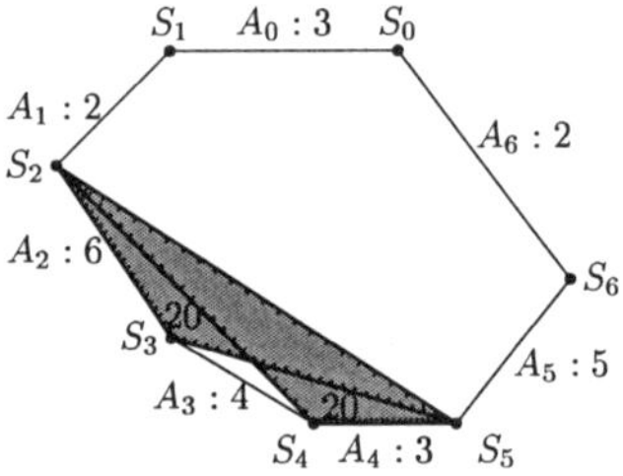

Donc, $\texttt{Cut}[1,3]=\{1,2\}$ et $\texttt{Cut}[2,4]=\{3\}$.

$$\texttt{Opt}[3,5] = \min \begin{cases} \underbrace{\texttt{Opt}[3,3]}_{0} + \underbrace{\texttt{Opt}[4,5]}_{14} + \underbrace{\Gamma\langle 3,4,6\rangle}_{20} = 34 \\ \underbrace{\texttt{Opt}[3,4]}_{18} + \underbrace{\texttt{Opt}[5,5]}_{0} + \underbrace{\Gamma\langle 3,5,6\rangle}_{20} = 38 \end{cases}$$

$$\texttt{Opt}[4,6] = \min \begin{cases} \underbrace{\texttt{Opt}[4,4]}_{0} + \underbrace{\texttt{Opt}[5,6]}_{13} + \underbrace{\Gamma\langle 4,5,0\rangle}_{17} = 30 \\ \underbrace{\texttt{Opt}[4,5]}_{14} + \underbrace{\texttt{Opt}[6,6]}_{0} + \underbrace{\Gamma\langle 4,6,0\rangle}_{17} = 31 \end{cases}$$

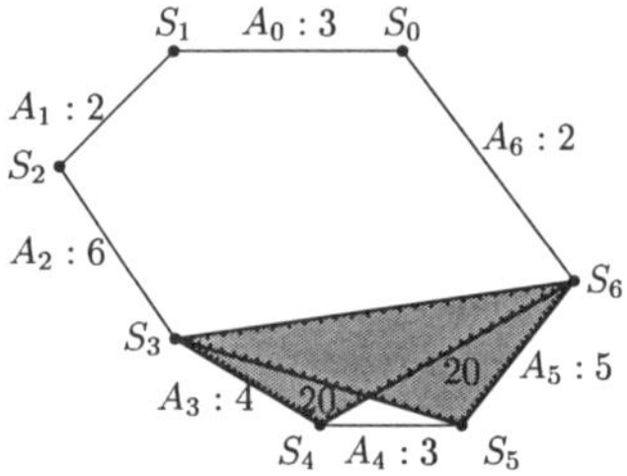

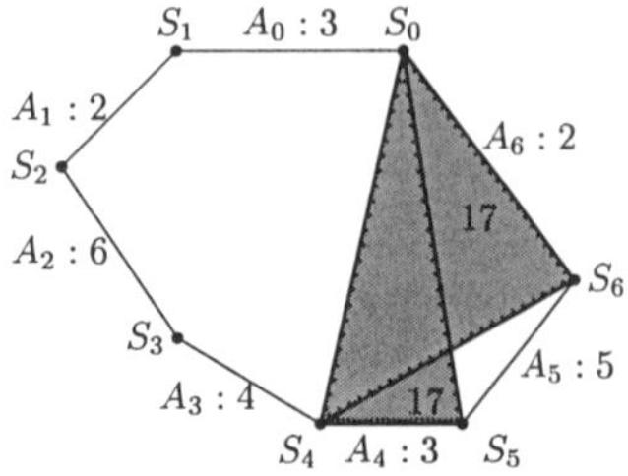

Donc, Cut [3,5]={3} et Cut [4,6]={4}.

$$\texttt{Opt[0,3]} = \min \begin{cases} \underbrace{\texttt{Opt[0,0]}}_{0} + \underbrace{\texttt{Opt[1,3]}}_{33} + \underbrace{\Gamma\langle 0,1,4\rangle}_{14} = 47 \\ \underbrace{\texttt{Opt[0,1]}}_{13} + \underbrace{\texttt{Opt[2,3]}}_{15} + \underbrace{\Gamma\langle 0,2,4\rangle}_{20} = 48 \\ \underbrace{\texttt{Opt[0,2]}}_{30} + \underbrace{\texttt{Opt[3,3]}}_{0} + \underbrace{\Gamma\langle 0,3,4\rangle}_{18} = 48 \end{cases}$$

$$\texttt{Opt[1,4]} = \min \begin{cases} \underbrace{\texttt{Opt[1,1]}}_{0} + \underbrace{\texttt{Opt[2,4]}}_{35} + \underbrace{\Gamma\langle 1,2,5\rangle}_{19} = 54 \\ \underbrace{\texttt{Opt[1,2]}}_{15} + \underbrace{\texttt{Opt[3,4]}}_{18} + \underbrace{\Gamma\langle 1,3,5\rangle}_{23} = 56 \\ \underbrace{\texttt{Opt[1,3]}}_{33} + \underbrace{\texttt{Opt[4,4]}}_{0} + \underbrace{\Gamma\langle 1,4,5\rangle}_{17} = 50 \end{cases}$$

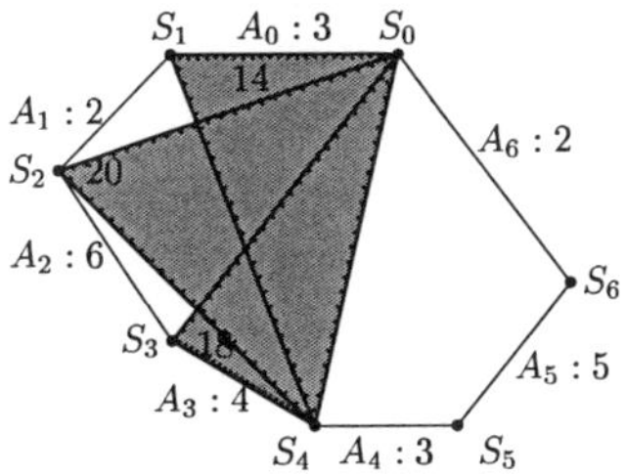

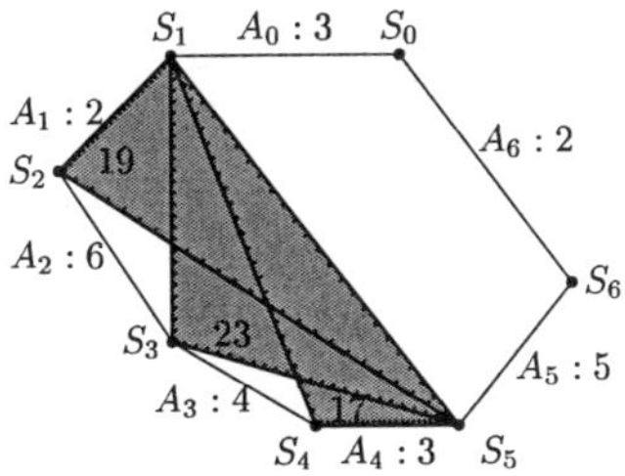

Donc, Cut [0,3]={0} et Cut [1,4]={3}.

$$\texttt{Opt[2,5]} = \min \begin{cases} \underbrace{\texttt{Opt[2,2]}}_{0} + \underbrace{\texttt{Opt[3,5]}}_{34} + \underbrace{\Gamma\langle 2,3,6\rangle}_{19} = 53 \\ \underbrace{\texttt{Opt[2,3]}}_{15} + \underbrace{\texttt{Opt[4,5]}}_{14} + \underbrace{\Gamma\langle 2,4,6\rangle}_{22} = 51 \\ \underbrace{\texttt{Opt[2,4]}}_{35} + \underbrace{\texttt{Opt[5,5]}}_{0} + \underbrace{\Gamma\langle 2,5,6\rangle}_{18} = 53 \end{cases}$$

$$\texttt{Opt[3,6]} = \min \begin{cases} \underbrace{\texttt{Opt[3,3]}}_{0} + \underbrace{\texttt{Opt[4,6]}}_{30} + \underbrace{\Gamma\langle 3,4,0\rangle}_{18} = 48 \\ \underbrace{\texttt{Opt[3,4]}}_{18} + \underbrace{\texttt{Opt[5,6]}}_{13} + \underbrace{\Gamma\langle 3,5,0\rangle}_{23} = 54 \\ \underbrace{\texttt{Opt[3,5]}}_{34} + \underbrace{\texttt{Opt[6,6]}}_{0} + \underbrace{\Gamma\langle 3,6,0\rangle}_{20} = 54 \end{cases}$$

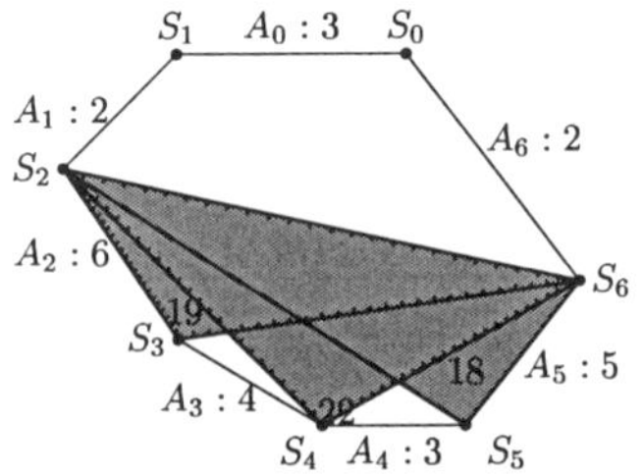

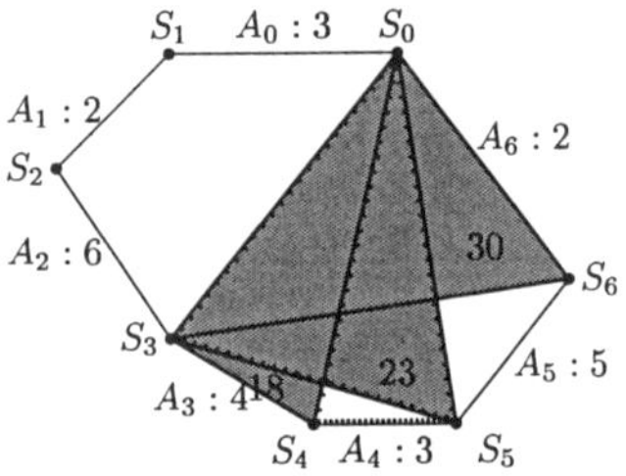

Donc, `Cut[2,5]`=$\{3\}$ et `Cut[3,6]`=$\{3\}$.

$$\texttt{Opt[0,4]} = \min \begin{cases} \underbrace{\texttt{Opt[0,0]}}_{0} + \underbrace{\texttt{Opt[1,4]}}_{50} + \underbrace{\Gamma\langle 0,1,5\rangle}_{15} = 65 \\ \underbrace{\texttt{Opt[0,1]}}_{13} + \underbrace{\texttt{Opt[2,4]}}_{35} + \underbrace{\Gamma\langle 0,2,5\rangle}_{21} = 69 \\ \underbrace{\texttt{Opt[0,2]}}_{30} + \underbrace{\texttt{Opt[3,4]}}_{18} + \underbrace{\Gamma\langle 0,3,5\rangle}_{23} = 71 \\ \underbrace{\texttt{Opt[0,3]}}_{47} + \underbrace{\texttt{Opt[4,4]}}_{0} + \underbrace{\Gamma\langle 0,4,5\rangle}_{17} = 64 \end{cases}$$

$$\texttt{Opt[1,5]} = \min \begin{cases} \underbrace{\texttt{Opt[1,1]}}_{0} + \underbrace{\texttt{Opt[2,5]}}_{51} + \underbrace{\Gamma\langle 1,2,6\rangle}_{18} = 69 \\ \underbrace{\texttt{Opt[1,2]}}_{15} + \underbrace{\texttt{Opt[3,5]}}_{34} + \underbrace{\Gamma\langle 1,3,6\rangle}_{22} = 71 \\ \underbrace{\texttt{Opt[1,3]}}_{33} + \underbrace{\texttt{Opt[4,5]}}_{14} + \underbrace{\Gamma\langle 1,4,6\rangle}_{19} = 66 \\ \underbrace{\texttt{Opt[1,4]}}_{50} + \underbrace{\texttt{Opt[5,5]}}_{0} + \underbrace{\Gamma\langle 1,5,6\rangle}_{15} = 65 \end{cases}$$

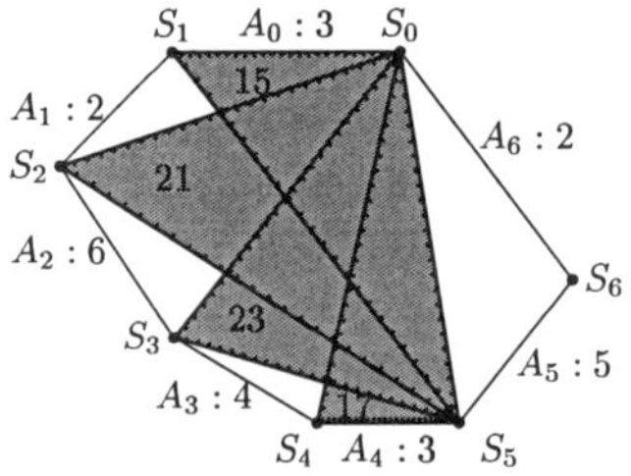

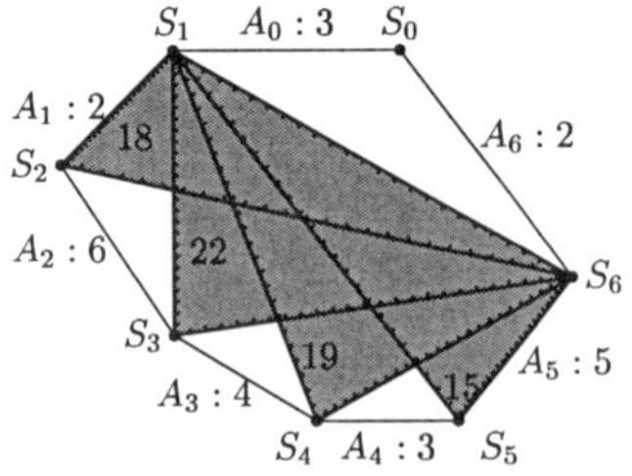

Donc, `Cut[0,4]`=$\{3\}$ et `Cut[1,5]`=$\{4\}$.

$$\texttt{Opt[2,6]} = \min \begin{cases} \underbrace{\texttt{Opt[2,2]}}_{0} + \underbrace{\texttt{Opt[3,6]}}_{48} + \underbrace{\Gamma\langle 2,3,0\rangle}_{17} = 65 \\ \underbrace{\texttt{Opt[2,3]}}_{15} + \underbrace{\texttt{Opt[4,6]}}_{30} + \underbrace{\Gamma\langle 2,4,0\rangle}_{20} = 65 \\ \underbrace{\texttt{Opt[2,4]}}_{35} + \underbrace{\texttt{Opt[5,6]}}_{13} + \underbrace{\Gamma\langle 2,5,0\rangle}_{21} = 69 \\ \underbrace{\texttt{Opt[2,5]}}_{51} + \underbrace{\texttt{Opt[6,6]}}_{0} + \underbrace{\Gamma\langle 2,6,0\rangle}_{18} = 69 \end{cases}$$

$$\texttt{Opt[0,5]} = \min \begin{cases} \underbrace{\texttt{Opt[0,0]}}_{0} + \underbrace{\texttt{Opt[1,5]}}_{65} + \underbrace{\Gamma\langle 0,1,6\rangle}_{12} = 77 \\ \underbrace{\texttt{Opt[0,1]}}_{13} + \underbrace{\texttt{Opt[2,5]}}_{51} + \underbrace{\Gamma\langle 0,2,6\rangle}_{18} = 82 \\ \underbrace{\texttt{Opt[0,2]}}_{30} + \underbrace{\texttt{Opt[3,5]}}_{34} + \underbrace{\Gamma\langle 0,3,6\rangle}_{20} = 84 \\ \underbrace{\texttt{Opt[0,3]}}_{47} + \underbrace{\texttt{Opt[4,5]}}_{14} + \underbrace{\Gamma\langle 0,4,6\rangle}_{17} = 78 \\ \underbrace{\texttt{Opt[0,4]}}_{64} + \underbrace{\texttt{Opt[5,5]}}_{0} + \underbrace{\Gamma\langle 0,5,6\rangle}_{13} = 77 \end{cases}$$

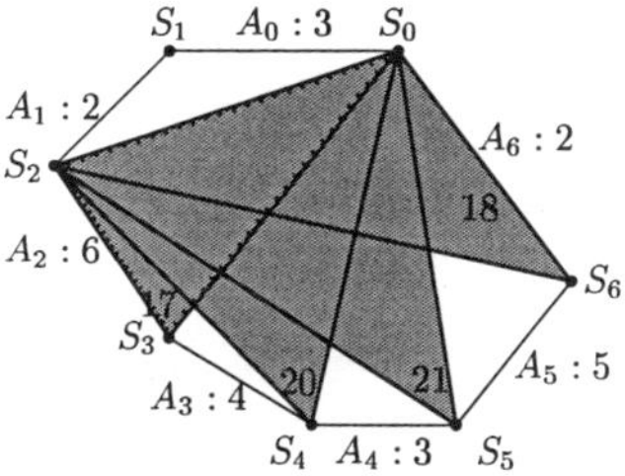

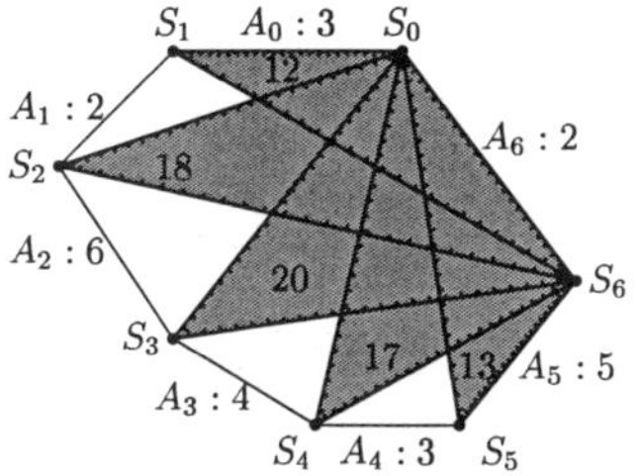

Donc, `Cut[2,6]`$=\{2,3\}$ et `Cut[0,5]`$=\{4\}$.

$$\texttt{Opt[1,6]} = \min \begin{cases} \underbrace{\texttt{Opt[1,1]}}_{0} + \underbrace{\texttt{Opt[2,6]}}_{65} + \underbrace{\Gamma\langle 1,2,0\rangle}_{13} = 78 \\ \underbrace{\texttt{Opt[1,2]}}_{15} + \underbrace{\texttt{Opt[3,6]}}_{48} + \underbrace{\Gamma\langle 1,3,0\rangle}_{17} = 80 \\ \underbrace{\texttt{Opt[1,3]}}_{33} + \underbrace{\texttt{Opt[4,6]}}_{30} + \underbrace{\Gamma\langle 1,4,0\rangle}_{14} = 77 \\ \underbrace{\texttt{Opt[1,4]}}_{50} + \underbrace{\texttt{Opt[5,6]}}_{13} + \underbrace{\Gamma\langle 1,5,0\rangle}_{15} = 78 \\ \underbrace{\texttt{Opt[1,5]}}_{65} + \underbrace{\texttt{Opt[6,6]}}_{0} + \underbrace{\Gamma\langle 1,6,0\rangle}_{12} = 77 \end{cases}$$

Donc, `Cut[1,6]`$=\{3,5\}$.

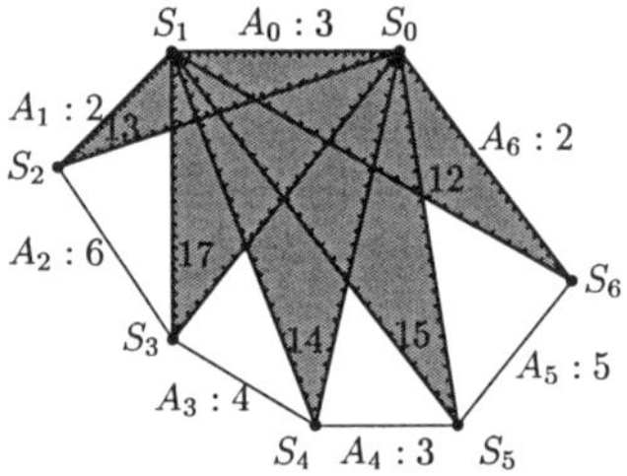

$$\texttt{Opt[0,6]} = \min \begin{cases} \underbrace{\texttt{Opt[0,0]}}_{0} + \underbrace{\texttt{Opt[1,6]}}_{77} + \underbrace{\Gamma\langle 0,1,0\rangle}_{0} = 77 \\ \underbrace{\texttt{Opt[0,1]}}_{13} + \underbrace{\texttt{Opt[2,6]}}_{65} + \underbrace{\Gamma\langle 0,2,0\rangle}_{0} = 78 \\ \underbrace{\texttt{Opt[0,2]}}_{30} + \underbrace{\texttt{Opt[3,6]}}_{48} + \underbrace{\Gamma\langle 0,3,0\rangle}_{0} = 78 \\ \underbrace{\texttt{Opt[0,3]}}_{47} + \underbrace{\texttt{Opt[4,6]}}_{30} + \underbrace{\Gamma\langle 0,4,0\rangle}_{0} = 77 \\ \underbrace{\texttt{Opt[0,4]}}_{64} + \underbrace{\texttt{Opt[5,6]}}_{13} + \underbrace{\Gamma\langle 0,5,0\rangle}_{0} = 77 \\ \underbrace{\texttt{Opt[0,5]}}_{77} + \underbrace{\texttt{Opt[6,6]}}_{0} + \underbrace{\Gamma\langle 0,6,0\rangle}_{0} = 77 \end{cases}$$

Donc `Cut[0,6]`$=\{0,3,4,5\}$. La valeur finale des tableaux `Opt` et `Cut` est donnée en page 65.

La valeur stockée en `Opt[0,6]` contient le coût de la ou des triangulations optimale(s) (ici minimale(s)). Le tableau `Cut` permet de construire

A6	0,3,4,5	3,5	2,3	3	4	5	6
A5	0,4	4	3	3	4	5	
A4	3	3	3	3	4		
A3	0	1,2	2	3			
A2	1	1	2				
A1	0	1					
A0	0						
	A0	A1	A2	A3	A4	A5	A6

`Cut[0..6,0..6]`

A6	77	77	65	48	30	13	0
A5	77	65	51	34	14	0	
A4	64	50	35	18	0		
A3	47	33	15	0			
A2	30	15	0				
A1	13	0					
A0	0						
	A0	A1	A2	A3	A4	A5	A6

`Opt[0..6,0..6]`

TABLEAU 2.1. Valeur finale des tableaux `Opt` et `Cut`.

toutes les triangulations optimales, et partant, de les compter. De par la construction même du tableau Cut, $a \in$ Cut[p,q] ($p \leq a < q$) signifie que le triangle $S_pS_{a+1}S_{q+1}$ (dégénéré dans le cas où A_a, A_q et A_p se suivent, lors du calcul de Opt[0,n]) est dans une triangulation optimale du sous-polygone convexe de bord $\underbrace{S_{q+1}S_p}_{\text{corde}}, A_p, A_{p+1}, \ldots, A_q$ comme dans la figure 2.1.

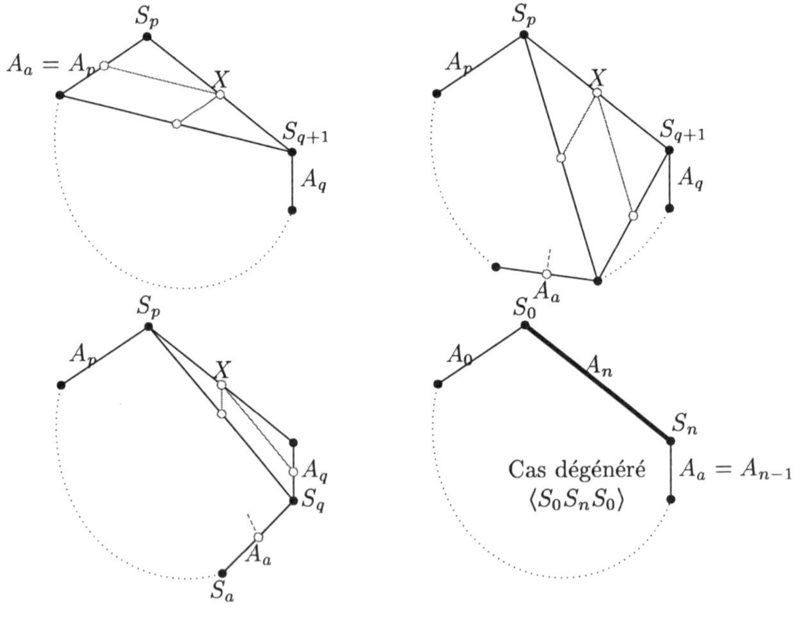

FIGURE 2.1. Rappels géométrique pour la lecture du tableau CUT[0..n,0..n].

Les triangulations optimales de l'exemple calculé à la main sont donc d'un coût de 77 (Opt[0,6]). Dans Cut[0,6] on a la liste $\{0, 3, 4, 5\}$; les cordes adjacentes à S_0 appartenant aux triangulations optimales sont donc parmi les segments S_1S_0, S_4S_0, S_5S_0, S_6S_0 ; mais $S_1S_0 = A_0$ et $S_6S_0 = A_6$ étant des arêtes du polygone, on ne considère que les cordes S_0S_4 et S_0S_5 :

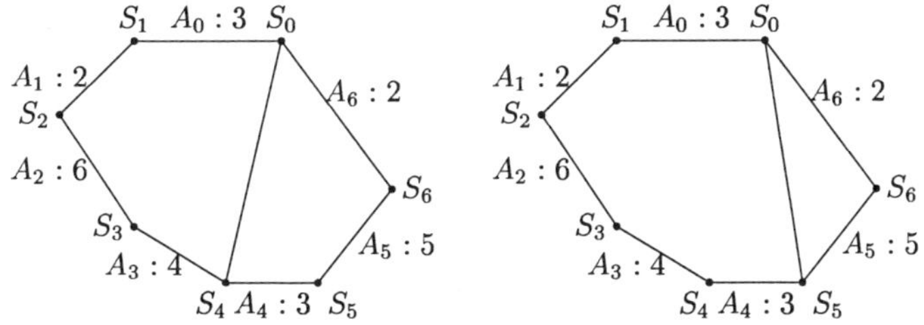

Il faut maintenant trouver les triangulations optimales des sous-polygones

$$\begin{array}{lll} A_0, A_1, A_2, A_3, S_4S_0 & \text{et} & A_4, A_5, A_6, S_0S_4, \\ A_0, A_1, A_2, A_3, A_4, S_5S_0 & \text{et} & A_5, A_6, S_0S_5 \end{array}$$

Pour cela, on consulte `Cut[0,3]`, `Cut[4,6]`, `Cut[0,4]` et `Cut[5,6]` (page 65),qui valent respectivement 0, 4, 3 et 5 ; on en déduit pour ces quatre sous-polygones respectivement les cordes S_1S_4, S_0S_5, S_1S_4, S_4S_6

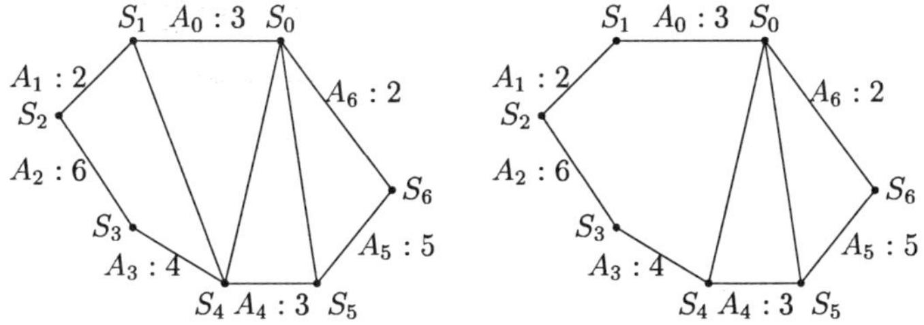

Il suffit clairement de considérer le cas de gauche de cette figure, c'est-à-dire de trianguler de façon optimale le sous-polygone A_1, A_2, A_3, S_4S_1 ; pour cela on consulte `Cut[1,3]` qui vaut $\{1,2\}$, ce qui signifie qu'on peut utiliser S_2S_4 et S_3S_1 ; on en déduit deux triangulations optimales (coût total de 77) ; les voici, avec les coûts des triangles qui les composent.

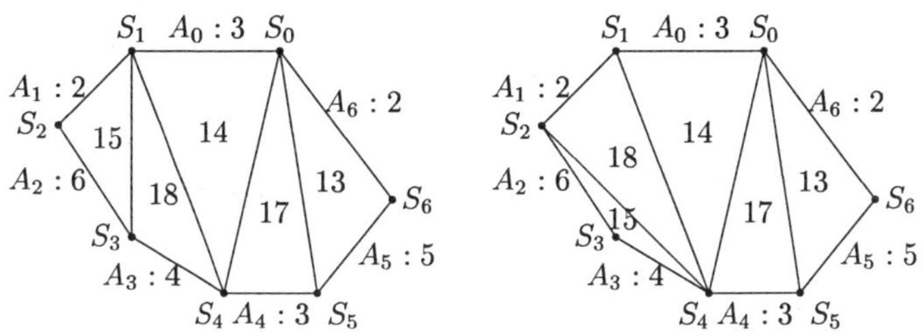

Le lecteur qui le souhaite peut se munir d'un crayon et déterminer les maxima, remplir un tableau Opt et un tableau Cut et trouver les triangulations de coûts maximaux.

Les lignes suivantes sont une spécification de cet algorithme. Pour simplifier le code, nous calculons simplement une triangulation optimale et non pas toutes les triangulations optimales ; pour cela, on remplit le tableau Cut en stockant dans chaque case un point de coupure correspondant à l'optimum, et non pas la liste des points de coupure correspondant aux minima.

L'essentiel tient dans l'écriture du code acculant les tableaux Opt et Cut. On suppose déjà donnée une fonction Gamma qui à un triangle S[i]S[j]S[k] associe son coût. Le lecteur consultera la figure 2.1 (page 66) pour se repérer géométriquement. Les lignes de la forme (* ... *) sont des commentaires au milieu du code. Le lecteur se rappellera que les tableaux sont remplis par couches successives parallèles à la diagonale ; ci-dessous, ces couches sont indicées par la variable l.

```
Tableaux(Opt,Cut) ;
 [for i :=0 to n do  [Opt[i,i] :=0 ; Cut[i,i] :=i] ;
 |for i :=0 to n-1 do
 |   [Opt[i,i+1] :=Gamma(S[i],S[i+1],S[i+2]) ;
 |   [Cut[i,i] :=i
 |for l :=2 to n-1 do
 |   for i :=1 to n-1 do
 |      for k :=i to i+l-1 do
 |         [m :=Opt[i,k]+Opt[k+1,j]+Gamma[i,k+1,j+1] ;
 |         |if m<Opt[i,i+l] then
 |         |                [Opt[i,i+l] :=m ;
 [         [                [Cut[i,i+l]  :=k ;
```

À cause des trois boucles for imbriquées de la dernière instruction, le remplissage des tableaux se fait en $O(n^3)$. Une fois ces tableaux remplis, on lit en Opt[0,n] la valeur des triangulations optimales. Nous laissons au lecteur le soin d'écrire le code produisant la liste des cordes d'une triangulation optimale en utilisant le tableau Cut ; cela se fait en $O(n)$.

Le problème de la recherche d'une triangulation optimale a donc été résolu globalement en $O(n^3)$ au lieu de la complexité exponentielle apparente du départ. Les modifications à faire pour obtenir la liste des triangulations optimales sont techniques mais ne change pas la complexité globale du problème. Nous en laissons aussi le soin au lecteur.

NOTE HISTORIQUE. — D'après [9] (page 407, vol. 1), le problème de compter les triangulations d'un polygone avec des cordes a été proposé et résolu par Johan Andreas von SEGNER et Leonhard EULER[2.1]. Le calcul des nombres de CATALAN que nous avons fait date dans son essence de cette époque. La formule 2.1 (page 52) est appelée la formule de SEGNER. Ce problème de combinatoire a éte retravaillé par CATALAN et plusieurs autres mathématiciens.

REMARQUE. — *Combinatoire et nombres de Catalan.* — Les lecteurs qui voudraient approfondir leur culture en combinatoire peuvent le faire en étudiant [4] ; le décompte des triangulations des polygones convexes y est traité au tome 1 sous la forme du décompte des parenthésages (donc des arbres binaires avec un nombre de feuilles prescrit). On y trouvera aussi une bonne présentation des fonctions génératrices. Les nombres de Catalan interviennent dans des dizaines de problèmes de combinatoire[2.2], qui sont chacun de beaux problèmes d'algorithmique. Un exemple particulièrement joli est celui de l'exercice 4 de [9], vol 2 (p. 408) [2.3].

—◇

2.3. Produits de matrices —

Le produit des matrices est associatif en valeur mais non en complexité : le temps consommé par une machine pour multiplier deux matrices A et B de dimension $p \times q$ et $q \times r$ est essentiellement dépendant du nombre de multiplications de deux scalaires faites dans le calcul, et ce nombre est pqr comme le lecteur est invité à le voir en écrivant la spécification du produit de deux matrices. Si on multiplie trois matrices A_1 $(p_0 \times p_1)$, A_2 $(p_1 \times p_2)$ et A_3 $(p_2 \times p_3)$, suivant le *parenthésage* choisi, la complexité du produit $A_1A_2A_3$ est

parenthésage	nombre de multiplications
$A_1(A_2A_3)$	$p_1p_2p_3 + p_0p_1p_3 = p_1p_3(p_0 + p_2)$
$(A_1A_2)A_3$	$p_0p_1p_2 + p_0p_2p_3 = p_2p_0(p_1 + p_3)$

Si par exemple $p_0 = 10$, $p_1 = 100$, $p_2 = 5$ et $p_3 = 50$, le premier parenthésage nécessite 75 000 multiplications, le second 7 500 : un facteur 10

2.1 *Novi Commentarii Academiæ Scientarum Petropolitanæ*, 7(1758-1759), 13-15, 203-210

2.2 Stanley, Richard, *Enumerative Combinatorics*, Cambridge Univ. Press, 1999. Chapitre 6

2.3 Voir aussi : Conway, J. H. and Coxeter, H. S. M. *Triangulated Polygons and Frieze Patterns*, Math. Gaz. 57, 87-94, 1973.

sépare donc essentiellement les deux temps d'exécution ! S'il s'agissait de longues chaînes de matrices de grandes dimensions, comme en météorologie par exemple, la différence pourrait être catastrophique. Comment choisir un parenthésage optimum ? Il se trouve que ce problème se ramène à la recherche d'une triangulation optimale de polygones convexes.

On associe à un produit de matrices $A_0 = A_1 A_2 \ldots A_n$ un polygone pointé orienté d'arêtes A_0 (l'arête de base, désignant le produit), $A_1, A_2, \ldots, A_n$ (figure ci-dessous). D'autre part, les dimensions des matrices fournissent une pondération des triangles comme on le décrit maintenant.

La matrice A_i $(i = 1, \ldots, n)$ étant de dimension $p_{i-1} \times p_i$, on attribue aux sommets du polygone un poids : les sommets source et but de A_i sont respectivement de poids p_{i-1} et p_i ; les contraintes de dimension pour que les matrices soient multipliables permettent l'attribution cohérente des poids par cette règle.

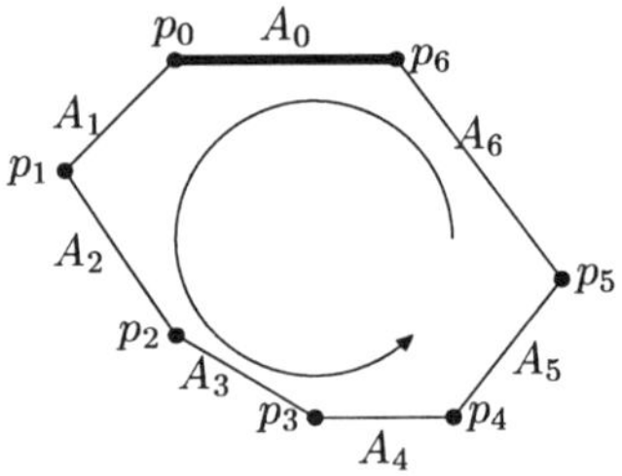

Le coût de chaque triangle possible est alors donné par le produit des poids de ses sommets. Par exemple, le coût du triangle déterminé par A_1 et A_2 est $p_0 p_1 p_2$, c'est-à-dire le coût du produit $A_1 A_2$ en multiplications scalaires ! Si on convient de nommer le sommet source de A_i à l'aide de la variable qui en donne le poids, le poids du triangle $p_i p_{i+1} p_{i+2}$ n'est autre que l'évaluation de son nom ! Le poids total des deux triangles $p_0 p_1 p_2$ et $p_0 p_2 p_3$ est $p_0 p_1 p_2 + p_0 p_2 p_3$, c'est-à-dire les coûts en multiplications scalaires du produit $(A_1 A_2) A_3$. De la même manière, le poids total des deux triangles $p_1 p_2 p_3$ et $p_0 p_1 p_3$ est $p_1 p_2 p_3 + p_0 p_1 p_3$, c'est-à-dire les coûts en multiplications scalaires du produit $A_1 (A_2 A_3)$. Dans la figure ci-dessous, les arbres binaires correspondant aux triangulations sont tracés en pointillé ; ils correspondent aussi aux arbres binaires décrivant les parenthésages $(A_1 A_2) A_3$ et $A_1 (A_2 A_3)$.

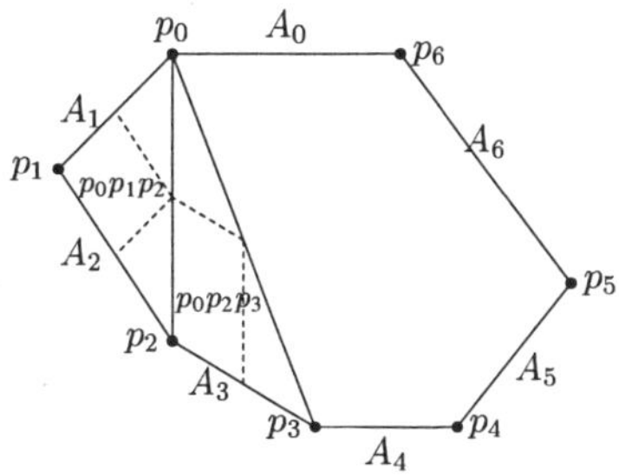

$(A_1A_2)A_3$ coûte $p_0p_1p_2 + p_0p_2p_3$

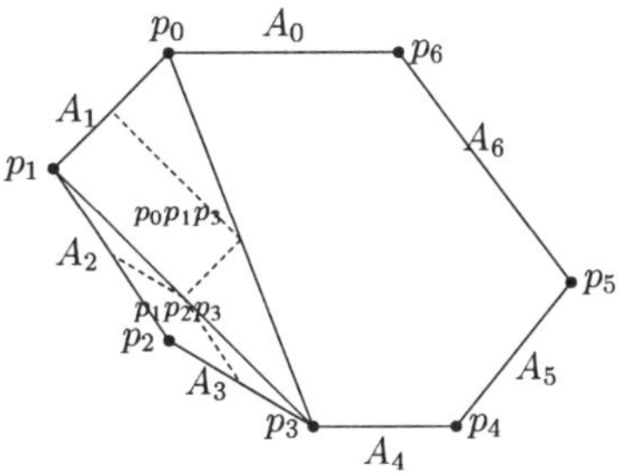

$A_1(A_2A_3)$ coûte $p_1p_2p_3 + p_0p_1p_3$

De manière générale, les triangulations sont décrites par des arbres binaires qui décrivent aussi un parenthésage, et le coût en multiplications scalaires des produits correspondants est le coût de la triangulation. Trouver un parenthésage de coût minimum revient donc à trouver une triangulation de poids minimum pour la fonction coût que nous avons décrite.

Étant données six matrices $A_1, A_2, \ldots, A_6$, de dimension respectivement $p_0 \times p_1, p_1 \times p_2, \ldots, p_5 \times p_6$, avec

$$\begin{array}{llll} p_0 = 5 & p_1 = 6 & p_2 = 10 & p_3 = 25 \\ p_4 = 7 & p_5 = 18 & p_6 = 30 & \end{array}$$

il est laissé en exercice au lecteur le soin de vérifier qu'il y a un parenthésage optimal unique, à savoir

$$((A_1A_2)(A_3A_4)A_5)\,A_6,$$

qui nécessite 4 890 multiplications scalaires, et un parenthésage unique de coût maximum, à savoir

$$A_1((A_2A_3)((A_4A_5)A_6)),$$

qui nécessite 27 150 multiplications scalaires. Entre le pire des cas et le meilleur des cas il y a ici un facteur 6 ; le lecteur peut s'imaginer ce qu'il en est pour de très grosses matrices comme dans certains problèmes concrets.

Nous fermons ce chapitre sur cet exemple qui illustre une des tâches de l'algorithmique : reconnaître des cas d'isomorphie de problèmes là où il n'y a en apparence que des instances particulières sans rapport ; c'est une forme de réduction des problèmes les uns aux autres. Ici, c'est le problème d'optimisation des produits de matrices qui est vu comme un problème de recherche de triangulation optimale, ce qui à première vue est fort différent !

Note historique. — Les techniques de programmation dynamique se sont établies progressivement au fur et à mesure que les problèmes les exigeaient. C'est cependant R.E. Bellmann qui en fit une étude systématique culminant dans son livre séminal sur le sujet[2.4]. L'interprétation du coût d'un produit de matrices comme le poids d'une triangulation est due à Te Chiang Hu et Man-Tak Shing[2.5].

3. Les algorithmes gloutons

3.1. Qu'est-ce qu'un algorithme glouton ? — Le glouton, aussi appelé goulu, est un mammifère carnivore de la taïga et de la toundra d'Eurasie et d'Amérique du Nord, puissant et massif comme un petit ours, qui tire son nom de la substantivation de l'adjectif « glouton » pour son avidité et son insatiabilité.

algorithme glouton

Un *algorithme glouton* est un algorithme d'optimisation fondé sur la stratégie de la recherche immédiate du profit maximum : le meilleur morceau d'abord comme les vrais gloutons ! Cette stratégie ne convient pas à tous les problèmes ; ce chapitre présente une classe d'algorithmes gloutons liés à une structure mathématique commune à beaucoup de problèmes où la stratégie gloutonne réussit —la structure de *matroïde*, un exemple de problème de planification d'une autre nature, puis met en évidence les caractères logiques communs aux problèmes où la stratégie du glouton atteint son but, avant de se terminer sur une évocation rapide des modifications de la stratégie gloutonne — recuit simulé, algorithme génétique, méthode taboue.

matroïde

Dans de nombreux cas, la stratégie gloutonne est franchement mauvaise ; si vous avez un sac à dos dans lequel vous pouvez porter au plus 25kg, et que vous devez prendre le maximum en valeur de trois lingots, l'un valant 60 euros et pesant 5kg, le deuxième pesant 15kg et valant 100 euros, et le dernier pesant 25kg et valant 120 euros, et si vous adoptez la stratégie gloutonne du profit maximum immédiat, vous prendrez le lingot de 25kg parce qu'il vaut plus que les autres. Mais vous aurez alors raté la

---

2.4 Bellmann, Richard Ernest, *Dynamic Programming*, Princeton University Press, 1957.

2.5 Hu T. C. & Shing M.T., *Computations of Matrix Chain Products*, Part I, SIAM Journal of Computing, vol. 11, no 2, 1982, pp. 362-373 ; Part II, vol. 13, no 2, 1984, pp. 228-251.

solution optimale des deux petits lingots de moindre valeur qui font ensemble seulement 20kg mais valent 160 euros et non seulement 120 euros. Un « grimpeur glouton » choisirait à chaque instant la direction la plus pentue, mais il n'atteindrait ainsi que des sommets locaux.

Nous voulons isoler les caractères des problèmes où la stratégie gloutonne conduit au succès. Ces problèmes sont assez nombreux et importants ; ils comprennent entre autres :

1. des problèmes de planification : comment permettre une utilisation optimale d'une ressource (*v.g.* une salle de projection dans un lycée) à des utilisateurs de ladite ressource ?
2. les problèmes de matroïdes pondérés dont on recherche des parties libres de poids maximum ; il s'agit d'une classe de problèmes comprenant entre autre l'optimisation d'exécution des requêtes faites à un processeur sous certaines hypothèses simplifiées.
3. des problèmes de codage : comment coder un fichier donné (*v.g.* une image d'une caméra sur une sonde spatiale) de manière aussi compacte que possible ?

Notre *Petite introduction à l'algorithmique* se limitera aux deux premiers cas.

3.2. Les matroïdes pondérés — Étant donnée une matrice, notons S l'ensemble de ses lignes ; les sous-ensembles *libres* de S forment un ensemble I, et le couple (S, I) a les propriétés suivantes : parties libres

(1) S est fini et non vide ; I est un ensemble de sous-ensembles de S ;
(2) Si $A \subset B \in I$, alors $A \in I$ (propriété d'héridité) ;
(3) Si $A, B \in I$ et si $|A| < |B|$, alors il existe un élément $x \in B - A$ tel que $A \cup \{x\} \in I$ (propriété de transfert) ;

(on note $|A|$ le cardinal de A et $B - A$ l'ensemble $\{x \in B : x \notin A\}$).

Les propriétés d'hérédité et de transfert se réalisent dans cet exemple par des théorèmes d'algèbre linéaire. Il y a d'autres exemples substantiels de paires (S, I) satisfaisant les trois propriétés ci-dessus, sans compter les exemples triviaux $(S, \{\emptyset\})$ et $(S, \emptyset)$. Un exemple non trivial est fourni par la théorie des graphes (et de là, son importance en algorithmique).

Soit S l'ensemble des arêtes d'un graphe ; on note I l'ensemble des ensembles d'arêtes qui forment un graphe acyclique (un sous-graphe acyclique est appelé une *forêt*). Nous montrons le fait non évident que (S, I) est un matroïde ; les propriétés (1) et (2) sont évidentes, mais la propriété de forêt transfert est substantiellement plus difficle à montrer : étant données deux forêts de tailles différentes d'un graphe *connexe* G, on peut toujours prendre une arête de la plus grosse forêt pour l'ajouter à la plus petite sans créer de cycle. Il est tout à fait étonnant de retrouver dans ce contexte les mêmes propriétés formelles que pour l'ensemble S des lignes d'une matrice et l'ensemble I des sous-ensembles de S qui sont linéairement indépendants.

Nous notons α_1 (resp. α_0) le nombre d'arêtes (resp. le nombre de sommets) d'un graphe G. Une récurrence immédiate montre que $\alpha_0 - \alpha_1 = 1$ si G est un arbre.

PROPOSITION 3.1. — *Étant donné un graphe connexe G, un arbre A dans G est maximal si et seulement si il visite tous les sommets de G.*

Démonstration. — En effet, si A visite tous les sommets de G, ajouter une arête (u, v) à A relie u et v qui sont par ailleurs reliés dans A, et on crée ainsi un cycle. A est donc un arbre maximal dans G. Inversement, si un arbre A est maximal, il visite nécessairement tous les sommets puisqu'on pourrait aller d'un sommet de A à un sommet non visité en prolongeant l'arbre, ce qui contredirait sa maximalité. —— QED (Proposition 3.1)

Il résulte de 3.1 que tous les arbres maximaux d'un graphe connexe G ont le même nombre d'arêtes ; en effet, si A est un arbre maximal dans le graphe connexe G, $\alpha_1(A) = \alpha_0(A) - 1 = \alpha_0(G) - 1$, laquelle quantité ne dépend pas de A.

PROPOSITION 3.2 (Propriété de transfert des parties acycliques). — *Dans un graphe connexe G, étant données des forêts A et B, avec $\alpha_1(A) < \alpha_2(B)$, il existe une arête de $B - A$ qui, ajoutée à A, ne crée aucun cycle.*

Démonstration. — Soient $a_1, \ldots, a_k$ les arbres composantes connexes de A, et $b_1, \ldots, b_l$ les arbres composantes connexes de$B$. Supposons que l'ajout de chaque arête de B à la forêt A produise un cycle dans A.

Étant donnés un arbre b_{i_0}, et une arête u de b_{i_0}, l'ajout de u à A crée un cycle dans un des a_j, disons a_{j_0} Si une autre arête de b_{i_0} créait un cycle dans un autre a_j, disons $a_{j_1} \neq a_{j_0}$, par la connexité de b_{j_0}, il y aurait une arête de b_{i_0} qui appartiendrait à un chemin de a_{j_0} à a_{j_1}, et cette arête ne créerait pas de cycle. Donc toutes les arêtes d'un même arbre de B créent des cycles dans le même arbre de A. On dispose ainsi d'une application naturelle γ allant de l'ensemble des arbres dans B à l'ensemble des arbres dans A, qui envoie un arbre de B sur l'arbre A où ses arêtes créent des cycles.

Parce que A a strictement moins d'arêtes que B, il y a un des arbres de A, disons a_0, qui contient moins d'arêtes que la réunion des arbres de B que γ envoie sur a_0. Soit G_0 le sous-graphe de G engendré par les sommets de a_0. Alors

(1) a_0 est maximal dans G_0 car il en visite tous les sommets ;
(2) chaque arbre de G_0 contenant tous les arbres b_i associés à a_0 contient plus d'arêtes que l'arbre maximal a_0.

(1) et (2) contredisent alors l'observation faite que tous les arbres maximaux dans un graphe connexe ont le même nombre d'arêtes.

—— QED (Proposition 3.2)

L'exemple des lignes d'une matrice a donné son nom à la structure de matroïde, et on dit de même que les éléments de I sont libres, même si dans le cas général il n'y a pas de notion d'indépendance linéaire.

Certains résultats d'algèbre linéaire tiennent à la structure de matroïde. Par exemple toutes les parties libres maximales (les bases) ont le même nombre d'éléments ; de la même manière, tous les sous-graphes acycliques maximaux d'un graphe donné ont le même nombre d'arêtes ; on pourrait dire qu'ils en forment les « bases ».

Imaginons maintenant que nous disposions d'une fonction « additive » w qui associe une valeur strictement positive à chaque sous-ensemble de S —techniquement, une mesure discrète, ou pour les informaticiens, un poids ; pour les non initiés, additive veut dire que si A et B sont disjoints, alors $w(A \cup B) = w(A) + w(B)$.

Par exemple, dans le cas d'une matrice à coefficients dans $\mathbb{Q}$, le poids d'une ligne pourrait être la norme du plus court vecteur à coordonnées entières qui lui est colinéaire, et le poids d'un ensemble de lignes linéairement indépendantes serait la somme des poids de ses éléments. Dans l'exemple d'un graphe, on peut imaginer que les arêtes sont dans des métaux précieux, et que le poids d'un sous-graphe acyclique est la somme des prix de ses arêtes.

Les matroïdes (S, I) dont les éléments ont un poids sont dits pondérés. Tous les matroïdes peuvent être vus trivialement comme des matroïdes pondérés en donnant le poids 1 à chaque élément ; dans ce cas, « libre de poids maximum » et « libre maximal » se confondent.

Par la suite, w désignera toujours une fonction poids. Il est utile à ce stade-ci de noter que les libres de poids maximum sont de taille maximale ; en effet, par la propriété de transfert et le fait qu'une fonction poids est strictement positive, un libre non maximal peut toujours être prolongé en un libre plus lourd.

Nombre de problèmes d'optimisation qui se laissent vaincre par une stratégie gloutonne se formalisent sous la forme d'un matroïde pondéré dont on cherche les libres de poids optimum (maximum ou minimum suivant le cas).

Voici un premier exemple. Dans un intervalle de temps de longueur n on doit faire exécuter n requêtes $r_1, \ldots, r_n$, chacune nécessitant une unité de temps, avec la contrainte suivante : chaque requête r_i est à exécuter avant un certain temps t_i à défaut de quoi il en coûte une certaine amende a_i. Le problème est d'exécuter séquentiellement les n requêtes en payant une amende minimum.

Ce genre de problème se pose (en plus compliqué) par exemple dans la réalisation d'un processeur.

Si S désigne l'ensemble des requêtes et I l'ensemble des ensembles de requêtes simultanément toutes en avance dans au moins un ordonnancement, alors (S, I) est un matroïde ; comme minimiser la somme des amendes des requêtes en retard revient à maximiser la somme des amendes, que l'on n'a pas à payer, des requêtes en avance, le problème est de trouver un élément libre de poids maximum dans le matroïde pondéré (S, I). Nous laissons au lecteur l'exercice (non trivial) de montrer que (S, I) est bien un matroïde ; à partir de là, il pourra exécuter l'algorithme *Glouton* que nous allons décrire plus loin.

La réalisation des circuits imprimés fournit un autre exemple naturel. Soit une plaque sur laquelle on imprime un circuit ; un certain nombre de points sont à relier par un conducteur pour être tous mis au même potentiel. À cause de la géométrie de la plaque (sur laquelle il y a par exemple des trous et divers éléments à éviter), certains points ne sont pas reliables à certains autres, et le prix (poids) de la connexion de certaines paires de points varie en fonction de ces paires.

Par exemple, soient les prix suivants pour relier entre eux dix points étiquetés de 0 à 9 comme suit :

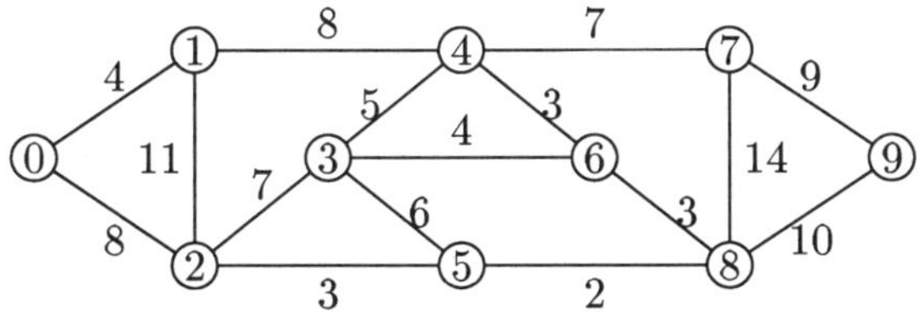

Pour mettre ces dix points au même potentiel, il suffit de trouver une partie non cyclique qui les relie (connecter deux points de manières différentes ne les rend pas plus au même potentiel).

Le problème revient donc à trouver un arbre maximal de prix minimum, dans le graphe que forment les connexions possibles (dans un graphe connexe les sous-arbres maximaux sont exactement les arbres qui visitent tous les sommets (Proposition 3.1), ce que, en l'occurrence, on cherche ici).

En considérant les connexions comme les arêtes d'un graphe, et en considérant le matroïde défini par les arêtes de ce graphe et ses parties acycliques, le problème est alors de trouver un libre maximal de prix minimum.

Nous illustrons l'algorithme général que nous donnons maintenant en donnant plus loin une solution à ce problème.

3.3. Glouton — Nous appelons *Glouton* l'algorithme ci-dessous, capable de trouver en $O(n \log(n))$ un libre de poids maximum dans un matroïde pondéré. C'est un algorithme glouton parce qu'il cherche à chaque étape la solution optimale immédiate. La variable A, un sous-ensemble de S, initialisé à $\emptyset$ (le tableau vide [ ]), prend progressivement pour valeur la solution finale. À la dernière ligne, comme en Pascal, « + » désigne l'union. Par soucis de simplicité, nous supposons désormais qu'optimal signifie maximal (dans le cas contraire, il suffit d'inverser le tri de S).

```
Glouton(S,I ;A)
  A:=[ ] ;
  Trier S par ordre décroissant ;
      (* w(s[1])≥w(s[2])≥...≥w(s[n]) *)
  for i:=1 to n do ;
      if {s[i]}+A in I then A:=A+{s[i]} ;
```

L'instruction la plus coûteuse en temps est le tri de S, qui consomme un temps de l'ordre de $O(n \log(n))$; la complexité globale est donc en $O(n \log(n))$.

Il nous faut maintenant montrer que *Glouton* converge vers le bon résultat *i.e.* qu'à la sortie de l'algorithme, A est un libre de poids maximum. Les arguments des observations 1 et 2 qui suivent sont typiques des démonstrations de convergence des algorithmes gloutons.

Observation 0 – Sauf dans les cas extrêmes $(S, \emptyset)$ *et* $(S, \{\emptyset\})$, qui n'ont pas lieu dans les cas concrets et sont immédiatement détectables dans la pratique, *il existe toujours un singleton* $\{s\} \in I$.

Cela se déduit immédiatement de ce qu'en dehors des cas $(S, \emptyset)$ et $(S, \{\emptyset\})$, il existe au moins un $A \neq \emptyset$ dans I, et que par la propriété d'hérédité, les singletons $\{a\} \in A \subset I$ sont dans I.

Observation 1 – (1) Si $u \in S$ *avec* $\{u\} \in I$, *alors il existe un libre maximal contenant* u (l'analogue de cet énoncé en algèbre linéaire est qu'un vecteur non nul est toujours contenu dans une base). *(2) Si* $s_1, s_2, \ldots, s_n$ *est une énumération des éléments de* S *par ordre décroissant de poids, et si* s_{i_0} *est le premier élément* u *de la liste tel que* $\{u\}$ *soit libre, alors il existe un libre de poids maximum contenant* s_{i_0}.

Pour montrer (1), soit un $A \in I$ de taille maximum (disons de taille k). Si A contient u, la démonstration est complète. On suppose donc que $u \notin A$. En transférant successivement des éléments de A vers $\{u\}$ (propriété de transfert), on construit un libre $\{u, a_2, \ldots, a_k\}$ de taille maximum (un seul $a \in A$ n'ayant pas été transféré dans $\{u\}$, disons a_1, $\{u, a_2, \ldots, a_k\}$ est de taille maximum car il a le cardinal de A).

Dans le cas particulier (2) où $u = s_{i_0}$, soit A un libre de poids maximum. Comme par hypothèse $w(s_{i_0}) \geq w(a_1)$, $w(\{s_{i_0}, a_2, \ldots, a_k\}) \geq w(A)$, ce qui, par la maximalité du poids de A implique $w(\{s_{i_0}, a_2, \ldots, a_k\}) = w(A)$ (et $w(s_{i_0}) = w(a_1)$), *i.e.* que $\{s_{i_0}, a_1, \ldots, a_k\}$ est de poids maximal.

À ce point-ci nous avons besoin d'introduire une notion. Étant donnés un matroïde (S, I) et un libre A_0, le sous-matroïde complémentaire à la donnée de A_0 est le couple (S', I') défini par

$$S' = \{y \in S - A_0 : \{y\} \cup A_0 \in I\}$$
$$I' = \{B \subset S - A_0 : B \cup A_0 \in I\}$$

On laisse au lecteur la vérification élémentaire du fait qu'il s'agit bien d'un matroïde.

Observation 2 – Soit $\{s_{i_0}, s_{i_1}, \ldots, s_{i_k}\}$ *un libre quelconque de poids maximum. Alors* $\{s_{i_1}, \ldots, s_{i_k}\}$ *est un libre de poids maximum dans le matroïde pondéré complémentaire à la donnée de* $\{s_{i_0}\}$.

Il y a une correspondance biunivoque entre les libres maximaux de (S, I) contenant s_{i_0} et les libres maximaux du matroïde (S', I') complémentaire à la donnée de $\{s_{i_0}\}$; cette correspondance est donnée par

$$A \longleftrightarrow A - \{s_{i_0}\}$$

et de plus, si w' désigne la restriction de la fonction poids w de (S, I) à I',

$$w'(A) = w(A - \{s_{i_0}\}) + w(\{s_{i_0}\}).$$

Via cette correspondance, les libres de poids maximum se correspondent.

Observation 3 – Soit un matroïde pondéré dont les libres de poids maximum sont de cardinal k et de poids P. Chaque libre de poids maximum $\{s_{i_1}, s_{i_2}, \dots, s_{i_k}\}$ induit une partition de P : $P = w(s_{i_1}) + w(s_{i_2}) + \cdots + w(s_{i_k})$ (une partition d'un réel P est une manière d'écrire P comme une somme de nombres réels strictement positifs, les cas les plus intéressants étant les partitions d'un entier en entiers). Il est remarquable que *tous les libres de poids maximum d'un matroïde pondéré induisent la même partition de leur poids P*. Cela entraîne en particulier que *si tous les u, avec $\{u\}$ libre, sont de poids différents, alors il existe au plus un libre de poids donné, et donc exactement un seul libre de poids maximum.*

On établit ces faits par récurrence sur k. C'est immédiat si $k = 1$. Il y a donc des cas où cette observation est vraie. Supposons qu'elle ne le soit pas toujours ; considérons la plus petite valeur de k pour laquelle elle est fausse ; soit (S, I) un matroïde dont les libres de poids maximaux sont de cardinal k. Soit $\{s_{i_0}\}$ le plus lourd des singletons libres. L'énoncé est vrai pour le matroïde complémentaire à la donnée de s_{i_0} (car il correspond au cas $k - 1$). Soit $\{a_1, \dots, a_k\}$ un libre de poids maximum, ses éléments étant nommés par ordre décroissant de poids ; en raisonnant comme pour montrer l'observation 1, on a

$$\underbrace{w(a_1)}_{= w(s_{i_0})} + \underbrace{w(a_2) + \ldots + w(a_k)}_{\substack{\text{partition unique} \\ \text{(matroïde complémentaire)}}} = P$$

Il s'en suit une partition unique de P.

PROPOSITION 3.3. — *L'algorithme* Glouton *produit toujours un libre de poids maximum. Tous les libres de poids maximum induisent la même partition de leur poids, et peuvent tous être produits par* Glouton *en variant le rangement par ordre décroissant dans l'instruction de tri de S ;*

en particulier, si les singletons libres ont tous des poids différents, alors la solution est unique.

Démonstration. — Supposons le contraire. Il existe alors un matroïde de taille minimale pour lequel *Glouton* ne converge pas vers un libre de poids maximum. Soit $S = \{s_1, s_2, \ldots, s_n\}$ les éléments d'un tel matroïde de taille minimale rangés par ordre décroissant de poids, et soit $s_{i_0}, s_{i_1}, \ldots, s_{i_k}$ la suite extraite des éléments u tels que $\{u\}$ soient des libres. Par l'observation 1, il existe un libre de poids maximum de la forme $\{s_{i_0}, a_2, \ \ldots\ \}$. Parmi les libres de poids maximum de cette forme, on peut retenir, par l'observation 2, un libre qui correspond à

$$\left\{ s_{i_0}, \left(\begin{array}{l} \text{solution obtenue par } \textit{Glouton} \text{ pour le} \\ \text{matroïde complémentaire à la donnée de } \{s_{i_0}\} \end{array} \right) \right\} \qquad (*)$$

—un tel libre existe bien puisque le matroïde complémentaire à la donnée de s_{i_0} est plus petit que le matroïde de taille minimale parmi ceux qui font échouer *Glouton*. Mais alors ce libre maximal est précisément la solution qu'aurait donné *Glouton*. Cela est contradictoire puisque *Glouton* est supposé ne pas converger vers une solution sur ce matroïde.

Il reste à montrer que tous les libres de poids maximum peuvent être obtenus par *Glouton* en permutant entre eux les éléments de même poids dans le tri de S (*i.e.* en variant le rangement de S par ordre décroissant). L'argument est encore une récurrence sur k. Le cas $k = 1$ est trivial. Soit $\{a_1, a_2, \ldots, a_k\}$ $(k > 1)$ un libre de poids maximum. En toute généralité on le suppose rangé par ordre décroissant de poids. Si dans le tri de *Glouton* on place a_1 en premier parmi les éléments u tels que $\{u\}$ est libre (la propriété de transfert implique que a_1 est de poids maximum parmi ces éléments) alors *Glouton* produit une solution de la forme $\{a_1, a'_2, \ldots, a'_k\}$. Mais $\{a'_2, \ldots, a'_k\}$ et $\{a_2, \ldots, a_k\}$ sont des libres de poids maximaux dans le matroïde complémentaire à la donnée de a_1 ; par récurrence, en ajustant l'ordre que crée le tri sur les éléments de ce matroïde complémentaire, *Glouton* peut obtenir $\{a_2, \ldots, a_k\}$. *Glouton* peut donc obtenir $\{a_1, a_2, \ldots, a_k\}$ pour un certain ordre (décroissant) des éléments de S.

Ceci complète la démonstration de la proposition.

—— QED (3.3)

Puisqu'en variant les ordres possibles des tris décroissants des éléments de S on peut obtenir toutes les solutions optimales, on peut par ce biais produire et compter ces dernières ; c'est un problème de combinatoire élémentaire que nous laissons en exercice au lecteur.

3.4. Solution de l'exemple du circuit imprimé — Nous allons utiliser *Glouton* pour traiter l'exemple du circuit imprimé présenté en page 76. Il nous faut trouver un sous-arbre maximal de prix minimum. Les arêtes et leurs prix respectifs sont donnés dans le tableau suivant :

Arête	[0, 1]	[0, 2]	[1, 2]	[1, 4]	[2, 3]	[2, 5]	[3, 4]	[3, 5]
Prix	4	8	11	8	7	3	5	6
Arête	[3, 6]	[4, 6]	[4, 7]	[5, 8]	[6, 8]	[7, 8]	[7, 9]	[8, 9]
Prix	4	3	7	2	3	14	9	10

L'algorithme consiste dans un premier temps à ordonner les arêtes par ordre *croissant* de prix (nous calculons un minimum, non un maximum ; on trie dans le sens inverse de ce qui est spécifié dans *Glouton*) ; ce tri donne :

Arête	[5, 8]	[2, 5]	[4, 6]	[6, 8]	[0, 1]	[3, 6]	[3, 4]	[3, 5]
Prix	2	3	3	3	4	4	5	6
Arête	[2, 3]	[4, 7]	[0, 2]	[1, 4]	[7, 9]	[8, 9]	[1, 2]	[7, 8]
Prix	7	7	8	8	9	10	11	14

Ensuite, l'algorithme dit de parcourir ce dernier tableau et d'ajouter à A (initialisé à $\emptyset$) les éléments rencontrés séquentiellement si on ne crée pas de cycle en le faisant (se rappeler qu'ici, "libre" signifie "sans cycle"). On ajoute alors les arêtes [5, 8], [2, 5], [4, 6], [6, 8], [0, 1] et [3, 6], mais on ne peut pas ajouter [3, 4] car on créerait le cycle [3, 6, 4, 6], et de même on n'ajoute pas [3, 5] et [2, 3] :

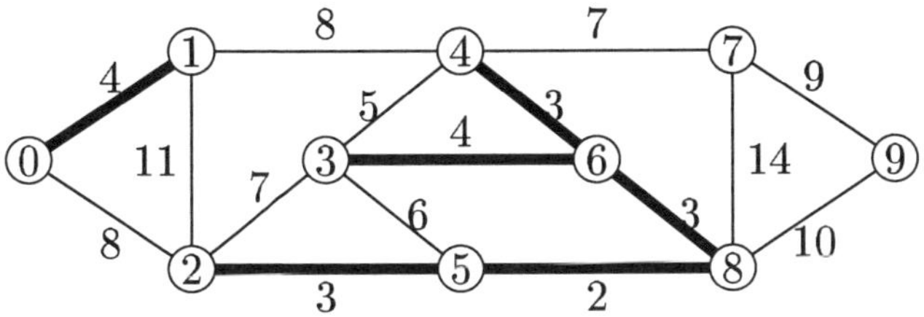

ensuite on rajoute [4, 7] et [0, 2], mais non [1, 4],

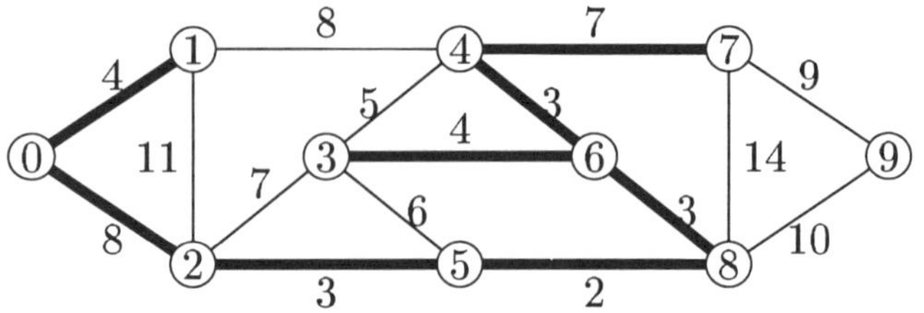

puis [7, 9], mais non [8, 9], [1, 2] et [7, 8].

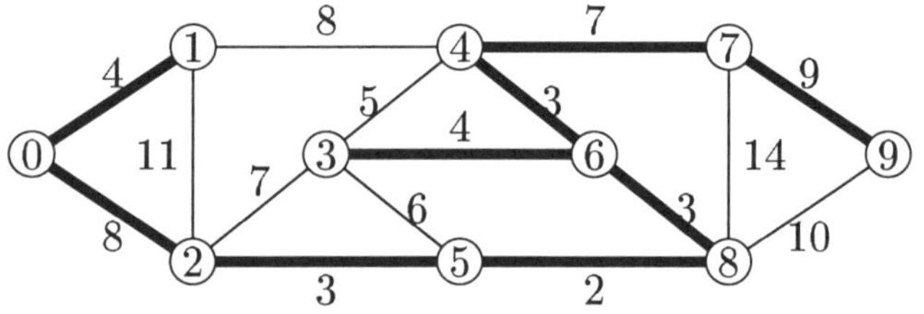

C'est une des façons de prix minimum de mettre les dix sommets au même potentiel (coût total 43). L'exemple peut sembler évident, mais il est voulu tel pour des raisons pédagogiques ; ce qui est visuellement évident avec peu de sommets l'est beaucoup moins avec une petite centaine de sommets... Et de toute façon, nous avons fait la démonstration de la convergence d'un algorithme utilisable dans une multitude de cas différents.

La proposition affirme qu'il peut en fait y avoir éventuellement plusieurs solutions optimales en rangeant dans un autre ordre des arêtes de même prix. Par exemple, si on inverse l'ordre des éléments des sous-séquences d'arêtes de même prix (*v.g.* [6, 8], [4, 6], [2, 5] pour celles de prix 3 au lieu de [2, 5], [4, 6], [6, 8]), nous arrivons à une autre solution minimale :

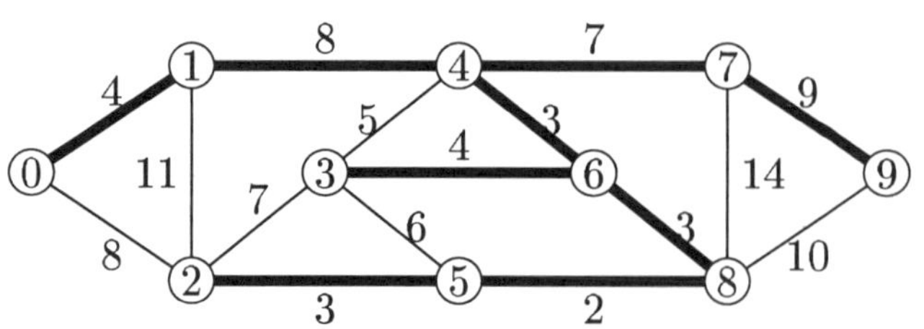

Cependant, dans tous les cas, comme annoncé par la proposition, la partition de 43 (poids total minimum) est la même :

$$43 = 2 + 3 + 3 + 3 + 4 + 4 + 7 + 8 + 9$$

Le premier exemple concret de problème formalisable par une structure de matroïde pondéré est celui d'une chaîne de requêtes à exécuter avant un temps limite pour ne pas engendrer une amende (page 76). Nous laissons au bon soin du lecteur le problème correspondant aux données du tableau suivant :

requête	temps limite	amende
r_1	3	5
r_2	6	3
r_3	3	8
r_4	4	1
r_5	5	4
r_6	2	7
r_7	4	5
r_8	9	1
r_9	7	3

La propriété de transfert est essentielle à la démonstration de la proposition ; elle permet de montrer que tous les libres de poids maximum sont accessibles à l'aide de *Glouton* en « ajustant » l'ordre décroissant de S, et que les libres de poids maximum induisent tous la même partition du poids maximum (*i.e.* que toutes les solutions optimales sont isomorphes).

Les problèmes où la stratégie du glouton réussit ne sont pas tous formalisables par une structure de matroïde pondéré. Certains, comme la recherche d'un codage minimum d'un fichier donné (codage de HUFFMAN 1952[3.1]) ne se formalisent pas du tout de cette manière. Certains le font

[3.1] Ce codage est omniprésent « en tache de fond » dans la transmission des données binaires ; c'est une invention simple d'une grande beauté qui est enseignée aujourd'hui dans les premières années aux informaticiens. On en trouvera une présentation élégante dans [5]. Pour les sources, voir Huffmann, David Albert, *A Method for the construction of minimum redundancy codes*, Proceedings of the Inst. Radio. Enginneers, Vol. 40, no 9, 1952, pp. 1098-1101. Voir presque, mais l'ensemble I de solutions (optimales ou non) ne satisfait pas la propriété de transfert ; le prochain paragraphe en donne un exemple simple. Mais dans tous les cas, la démonstration du succès de la stratégie gloutonne est très semblable à la démonstration du succès de l'algorithme *Glouton* décrit pour la recherche des libres de poids optimum dans un matroïde pondéré.

3.5. Un problème d'allocation de ressources — Soit une salle de cours équipée de matériel de projection qu'une équipe de n enseignants $E = [e_1, e_2, \ldots, e_n]$ doit utiliser, à l'intérieur d'un intervalle de temps donné $[a, b]$, dans des créneaux horaires propres à chacun, disons

$$C = [[a_1, b_1], [a_2, b_2], \ldots, [a_n, b_n]].$$

Le directeur d'établissement doit attribuer les heures d'utilisation de la salle à un maximum d'enseignants. Pour y arriver il utilise l'algorithme glouton suivant, dans lequel A est la solution qui se construit progressivement :

```
PlanificationGloutonne(C ;A)
  Trier les créneaux par ordre croissant de fin ;
      (* b[1]≤b[2]≤...b[n] *)
  A:={e[1]} ;
  j:=1 ;
  for i:=2 to n do
      if a[i]<= b[j] then [A:=A+{e[i]} ; j:=i ;]
```

Cet algorithme est glouton parce qu'il choisit à chaque étape l'enseignement qui se termine le plus tôt dans l'espoir de caser plus d'enseignements par la suite. Comme pour le cas de *Glouton*, l'instruction la plus longue est l'instruction de tri, réalisable en $O(n \log(n))$, si bien que globalement l'algorithme est en $O(n \log(n))$.

Ce problème ne se formalise pas comme un problème de recherche de libre de poids optimum dans un matroïde pondéré ; si I désigne l'ensemble des planifications possibles d'utilisation de la salle (optimales ou pas), la propriété de transfert n'est clairement pas vérifiée. Par exemple, si

aussi : Zimmerman, Seth, *An Optimal Search Procedure. Amer. Math. Monthly 66, 1999 Oct.*, 690-693. Il y a lieu de souligner que D. A. Huffman n'a jamais déposé de brevet ni réclamé de droits pour une invention qui en aurait fait un millionnaire.

l'intervalle de temps disponible est [8,16], et qu'on a la possibilité d'attribuer la salle

(A) à quatre enseignants dans des créneaux de deux heures (solution A de 4 éléments), ou bien

(B) à huit enseignants dans des créneaux d'une heure (solution B de 8 éléments),

on a bien $|A| < |B|$ mais aucun élément de la solution B ne peut être ajouté à la solution A ; malgré cela, les observations 1 et 2 peuvent se reprendre presque *verbatim* pour montrer que cet algorithme converge vers une solution optimale. Ceci montre l'importance de la propriété de transfert dans la proposition 3.3 (page 80). Soit

$$C = [c_1 = [a_1, b_1], c_2 = [a_2, b_2], \ldots, c_n = [a_n, b_n]]$$

ordonnés par ordre croissant des temps terminaux : $b_1 \leq b_2 \leq \ldots \leq b_n$.

Observation 1′ *– Il existe une solution optimale contenant le créneau* $c_1 = [a_1, b_1]$.

En effet, soit une solution optimale quelconque $X = \{c_{i_1}, \ldots, c_{i_k}\}$; comme $b_1 \leq b_{i_1} \leq a_{i_2}$, on a $b_1 \leq a_{i_2}$ et donc $\{c_1, c_{i_2}, \ldots, c_{i_k}\}$ est aussi une solution ; elle est optimale puisqu'elle contient k éléments comme la solution X.

Pour l'observation 2′, il nous faut un analogue de la notion de sous-matroïde complémentaire à la donnée d'un élément ; le sous-problème complémentaire à la donnée d'un créneau c_{i_0} est le problème de planification posé en ne prenant que des créneaux disjoints de c_{i_0}.

Observation 2′ *– Si* $\{c_{i_1}, c_{i_2}, \ldots, c_{i_k}\}$ *est une solution optimulem, alors* $\{c_{i_2}, \ldots, c_{i_k}\}$ *est une solution optimale du sous-problème complémentaire à la donnée de* c_{i_1}.

En effet, si $\{c_{i_2}, \ldots, c_{i_k}\}$ n'était pas une solution optimale du sous-problème complémentaire, il existerait une solution plus grosse de ce sous-problème complémentaire, disons $\{c_{i_2}, \ldots, c_{i_k}, c_{i_{k+1}}, \ldots, c_{i_{k+t}}\}$, et il suffirait d'y ajouter c_{i_1} pour obtenir une solution plus grosse que la solution optimale de départ ; c'est impossible.

Nous pouvons maintenant démontrer que l'algorithme *Planification-Gloutonne* converge toujours vers une solution optimale.

Supposons qu'il existe des problèmes de planification pour lesquels *PlanificationGloutonne* ne conduit pas à une solution optimale. Choisissons parmi ces problèmes un problème avec un nombre minimum de créneaux horaires, disons $\{c_1, c_2, \ldots, c_n\}$; en toute généralité, supposons les ordonnés par ordre croissant de temps terminaux. Alors :

1. Choisissons une solution optimale quelconque $X = \{c_{i_1}, \ldots, c_{i_k}\}$.
2. Par l'observation $1'$, on obtient encore une solution optimale en remplaçant c_{i_1} par c_1 : $\{c_1, c_{i_2}, \ldots, c_{i_k}\}$.
3. Par l'observation $2'$, $\{c_{i_2}, \ldots, c_{i_k}\}$ est une solution optimale du sous-problème complémentaire à la donnée de c_1 : elle a $k - 1$ éléments. D'autre part, par l'hypothèse de minimalité, *PlanificationGloutonne* conduit à une solution optimale du sous-problème complémentaire à la donnée de c_1, disons $\{c'_{i_2}, \ldots, c'_{i_k}\}$ (elle doit aussi avoir $k - 1$ éléments). Alors, la solution $\{c_1, c'_{i_2}, \ldots, c'_{i_k}\}$ est une solution optimale du problème de départ ; mais c'est exactement la solution à laquelle conduirait l'algorithme *PlanificationGloutonne* ! Conséquemment, *PlanificationGloutonne* donne une solution optimale sur le problème de départ, alors qu'on suppose le contraire ; c'est une contradiction.

Ceci complète la démonstration que *PlanificationGloutonne* converge toujours vers une solution optimale. Il est intéressant de remarquer que

(1) la solution peut ne pas être unique (à isomorphie près), ce qui n'est pas surprenant puisque c'est la propriété de transfert qui, dans le cas des matroïdes, entraînait cette unicité ;
(2) que les propriétés essentielles du problème portent sur l'existence de sous-problèmes complémentaires
    (a) indépendants des données auxquelles ils sont complémentaires,
    (b) qui sont la trace de solutions optimales du problème global.

La propriété (2) est le caractère commun essentiel des problèmes où une stratégie gloutonne fonctionne ; dès qu'elle existe, l'analogue des observations $1'$ et $2'$ est possible, et les arguments de la démonstration donnée ci-dessus constituent une démonstration du bon fonctionnement d'un algorithme glouton.

NOTE HISTORIQUE. — La notion de matroïde est due au mathématicien américain Hassler WHITHNEY[3.2]. C'est une notion qui a été considérablement

[3.2] Whitney, Hassler, *On the abstract properties of linear dependence*, American Journal of Mathematics, vol. 57, 1935, pp. 509-533.

tre reçu

BU
EDGAR MORIN
CAMPUS DE VILLETANEUSE
UNIVERSITÉ PARIS 13

m du lecteur : DIENG, NDEYE MARIE
ntifiant du lecteur : ****2562

cuments renouvelés

e
tite introduction à l'algorithmique : à la
couverte des
ntifiant : 440465687
te de retour prévue :
ndi 5 novembre 2018

s les documents : 1
10/2018 13:12
prunté(s) : 2
cument(s) en retard : 0
nandes de réservation : 0
ponible(s) pour le prêt : 0

ci d'avoir utilisé le bibliotheca
Check System !

étudiée depuis en combinatoire et en recherche opérationnelle, et qui a donné naissance à plusieurs généralisations (*v.g.* gloutonoïdes). L'algorithme *Glouton* est apparu en recherche opérationnelle en 1971[3.3]. La démonstration de *Glouton* suivant les lignes que nous avons suivies est due à F. Gavril[3.4]

3.6. Perturbations de la stratégie gloutonne — La stratégie gloutonne, qui est celle du profit maximum immédiat, est la stratégie de la goutte d'eau qui suit le chemin le plus pentu, cherchant à descendre plus vite tout de suite. Mais cette stratégie ne conduit qu'à des minima locaux. Cependant, si on « secoue le paysage », la même goutte d'eau a des chances de ne pas rester piégée dans une cuvette, et de poursuivre sa route vers un minimum « plus global ».

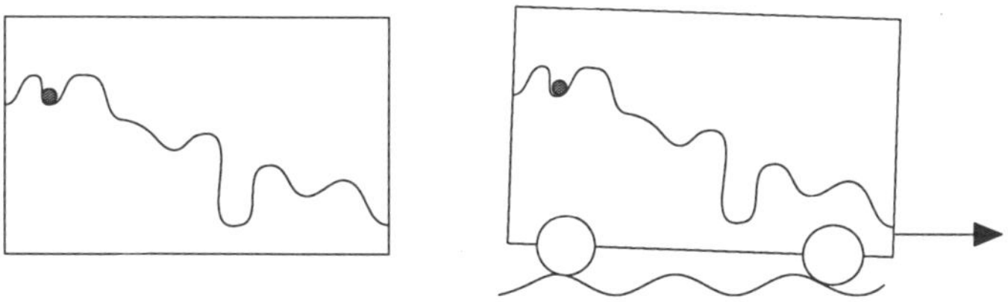

La nature suit souvent une stratégie gloutonne dont elle dérape de temps à autre, en réponse à une ou plusieurs perturbations. Elle arrive à des résultats étonnants mais pourtant hautement difficiles. Que l'on pense à la morphogénèse ou à l'élaboration de cristaux d'une grande pureté, les « algorithmes de Dame Nature » impliqués sont hautement performants ; sans atteindre une solution optimale absolue, les résultats sont très raisonnablement optimaux.

L'algorithmique s'est inspiré de cet état de fait pour attaquer des problèmes difficiles de toute nature rencontrés dans beaucoup de domaines de l'activité humaine. Nous allons juste « pointer quelques lignes » très

---

3.3 Edmonds, Jack, *Matroids and the greedy algorithm*, Mathematica Programming, vol. 1, 1971, pp. 126-136.

3.4 Gavril, Fănică, *Algorithms for minimum coloring, maximum clique, minimum covering by cliques, and maximum independent set of chordal graph*, SIAM Journal of Computing, vol. 1, no2, 1972, pp. 180-187.

générales vers certaines de ces réalisations : le *recuit simulé*, les *algorithmes génétiques*, les *méthodes taboues*. Il est hors de question d'entrer le moindrement dans des considérations techniques, même au niveau le plus simple comme nous l'avons fait jusqu'ici. Nous donnons un certain nombre de références pointues pour bien montrer au lecteur que ces variations sur la stratégie gloutonne sont bel et bien utilisées dans de nombreux domaines ; la littérature spécialisée sur le sujet comprend des centaines d'articles.

3.6.1. Le recuit simulé — Les algorithmes combinatoires de recuit simulé simulent la « recuisson » d'un métal, ce qui consiste à le chauffer à très haute température et à le laisser se refroidir très lentement pour laisser le temps aux atomes de se positionner de manière « optimale ». Au début les atomes sont très libres de briser les liens chimiques et de se déplacer, puis peu à peu, ils sont de plus en plus contraints à prendre des positions stables, correspondant à une énergie minimum —l'analogue du chemin le plus pentu pour la goutte d'eau. Au cours de ce procédé, l'énergie libre du solide est minimisée. En refroidissant le métal de manière appropriée, les atomes tendent à former une structure cristalline qui suit un réseau presque parfait (avec très peu d'erreurs).

Les algorithmes de simulation de la recuisson sont des algorithmes d'optimisation combinatoire qui en plus de chercher localement les solutions optimales (stratégie gloutonne), acceptent aléatoirement dans une certaine limite de choisir des solutions moins bonnes. Au début, la probabilité d'accepter des solutions moins bonnes est assez grande, mais au fur et à mesure de l'avancement de l'exécution, cette probabilité diminue de sorte qu'à la fin, l'algorithme est purement glouton.

Les premiers travaux de simulation de l'évolution d'un solide à haute température remontent à 1953[3.5], et une trentaine d'années plus tard, les premiers algorithmes combinatoires inspirés de la simulation de la recuisson d'un métal voient le jour en 1983[3.6] et en 1985[3.7]).

3.5 Metropolis N. *et al.*, Equation of state calculations by fast computing machines, Journal of Chem. Physics, 21 : 1087-1092, 1953.

3.6 Kirkpatrick S. Jr, Gelatt C. & Vecchi M., *Optimization by simulated annealing*, Science, 220(4598) : 498-516, May 1983.

3.7 Černy C., *Thermodynamical approach to the traveling salesman problem : an efficient simulation algorithm. Journal of Optimization Theory and Application, 45(1) : 41-51, Jan. 1985.*

Les algorithmes combinatoires de recuit simulé ont été utilisés avec succès entre autres dans les problèmes d'optimisation topologique de réseaux complexes[3.8], dans des problèmes d'ordonnancement[3.9], dans des problèmes de collisions et d'accumulation[3.10] et dans une multitude de problèmes difficiles classiques (voir Paragraphe 4 pour cette notion). Ces algorithmes de simulation de la recuisson, tout en étant polynomiaux, sont néanmoins assez gourmands en temps , et leur accélération fait toujours l'objet de recherche.

3.6.2. Les algorithmes génétiques — Il s'agit d'une famille d'algorithmes d'optimisation combinatoire inspirée de la théorie de l'évolution (et non de la métallurgie comme les algorithmes simulant une recuisson). L'idée est d'imiter les mécanismes de l'évolution vus comme des mécanismes d'exploration d'un espace de solutions possibles pour atteindre une solution optimale. Le terme clef est celui de *sélection naturelle* —retenir les caractères des individus plus aptes à survivre.

Les algorithmes génétiques opèrent sur des ensembles (les populations) de solutions (les individus) codés comme des chaînes de caractères ou des chaînes binaires (les gènes). À chaque itération (une génération) de nouveaux ensembles de solutions sont créés à partir de la génération précédente.

Les algorithmes génétiques ont vu le jour au milieu des années 1970[3.11]. Ils se sont avérés efficaces et très stables (*i.e.*capables de s'accomoder à de grandes perturbations dans les données comme l'est la nature elle-même).

1. Ces algorithmes s'exécutent sur des codages des données, non sur les données elles-mêmes. Ils demandent donc au préalable un codage efficace des solutions sous la forme de chaînes de caractères (les « gènes » de la solution).

[3.8] Ersoy C. & Panwar S.S., *Topological design of interconnected LAN/MAN networks*, IEEE Journal on Selected Areas in Communications, 11(8) : 1172-1182, 1993.

[3.9] Osman I. H. & Potts C. N., *Simulated annealing for permutation flow-shop annealing*, OMEGA, 17 : 551-557, 1989.

[3.10] Selim S. & Al-Sultan K. S., *A simulated annealing algorithm for the clustering problem*, Pattern Recognition, 24(10) : 1003-1008, 1991.

[3.11] Holland J. H., *Adaptation in Natural and Artificial Systems*, Univ. of Michigan Press, Ann Arbor, 1975.

2. Ces algorithmes traitent à chaque itération toute une population de « gènes » (ce qui limite la probabilité des « cuvettes »).
3. Ils demandent une fonction mesurant la capacité à survivre des différents individus. Comme pour le codage en « gènes », ce choix est important. Cette fonction prend pour valeur des nombres réels positifs et correspond à une mesure de coût.
4. Ils sont purement syntaxiques et doivent être arrêtés.
5. Ils nécessitent l'élaboration d'une population initiale. C'est un point important (subtil et délicat) dans leur mise en œuvre.
6. À chaque génération, un choix des parents à accoupler se fait de sorte que les parents aptes à transmettre les caractères de survie se « rencontrent » avec une probabilité qui croît avec leurs aptitudes à la survie.
7. Ils utilisent une procédure de simulation de « crossover ».
8. Ils utilisent une procédure qui produit de temps à autres des mutations.

Bien sûr, le codage en « gènes » doit être effectif et conçu en fonction d'exigences génétiques qui ont du sens dans le contexte des problèmes. Ces exigences peuvent sembler insurmontables ; la pratique montre qu'il n'en est rien[3.12]. Les algorithmes génétiques ont été testés avec succès sur le problème du sac à dos[3.13] et beaucoup d'autres problèmes difficiles classiques (Paragraphe 4) (*v.g.* le problème du voyageur de commerce[3.14]), mais aussi sur un spectre impressionnant de problèmes issus des mondes de l'industrie et de la recherche : ordonnancement[3.15], routage[3.16], circuits

---

[3.12] (1) Davis L. (editor), *Handbook of Genetic Algorithms*, Van Nostrand Reinhold, N.Y. 1991. (2) Goldberg D. E., *Genetic Algorithms in Search, Optimization, and Machine Learning*, Addison-Wesley, 1989.

[3.13] Spillman R., *Solving Large knapsack problems with a genetic algorithm*, International Conference on Systems, Man and Cybernetics, pp. 632-637, 1995.

[3.14] Tamaki H. *et al.*, *A comparison study of genetic codings for the traveling salesman problem*, Proceedings of the 1st IEEE Conference on Evolutionary Computation, pp. 1-6, 1994.

[3.15] (1) Benten M.S.T. & Sait S.M., *Genetic Scheduling of task graphs*, International Journal of Electronics, 77(4) : 401-415, 1994. (2) Hou E.S.H. *et al.*, *Genetic algorithms for multiprocessor scheduling*, IEEE Transactions on Parallel and Distributed Systems, 5(2) : 113-120, January 1994.

[3.16] Han H.I. *et al.*, *Genetic Algorithm for Channel Routing Problems*, Proceedings of TENCON95, IEEE Region 10 International Conference on Microelectronics imprimés[3.17], codage[3.18] etc.

3.6.3. Les algorithmes de recherche taboue — Les algorithmes de recherche taboue sont issus de recherches en intelligence artificielle ; ils ont été développés au cours des années 1990[3.19].

Les recherches taboues sont des recherches localement gloutonnes avec des contraintes évolutives : à chaque solution est associé un voisinage de solutions « voisines » dans lequel la recherche se fait avec la stratégie gloutonne : une liste de solutions taboues est dynamiquement créée et ces solutions taboues ne peuvent pas faire partie des vosisinages pendant un certain temps. Ici on perturbe la stratégie gloutonne en interdisant temporairement certains choix même s'ils sont les meilleurs dans l'immédiat.

Le caractère tabou d'une solution est volatile dans le temps ; un jeu d'attributs possibles permet aux solutions taboues de l'être plus ou moins longtemps. L'association des attributs aux solutions dépend de trois niveaux du passé de l'exécution (court terme, moyen terme, et long terme). À la différence du recuit simulé et des algorithmes génétiques, les algorithmes de recherche taboue utilisent le passé de l'exécution de l'algorithme.

Les méthodes taboues s'avèrent être elles aussi très efficaces, et dans certains cas, parmi les meilleures stratégies. Elles ont été mises à l'épreuve sur les problèmes difficiles classiques (Paragraphe 4), comme le problème du voyageur de commerce[3.20], les problèmes de coloriage[3.21], et sur des

---

and VLSI, pp. 151-154, November 1995.

3.17 Leu M.C., Wong H. & Ji Z., *Genetic algorithm for solving printed circuit board assembly planning problems* , Proceedings of Japan-USA Symposium on Flexible Automation, pp. 1579-1586, July 1992.

3.18 Dontas K. & De Jong K., *Discovery of maximal distance codes using genetic algorithms*, Proceedings of the 2nd International IEEE Conference Tools for Artificial Intelligence, pp. 805-811, 1990.

3.19 Glover F. & Laguna M., Tabu search, MA, 1997.

3.20 Malek M., Heap R., Kapur R. & Mourad A., *A fault tolerant implementation of the traveling salesman problem*, Research Report, Dep. of Electrical Engineering and Computer Engineering, The University of Texas, Austin, May 1989.

3.21 Dubois N. & de Werra D. ; *An efficient procedure for coloring optimally with tabu search*, Computers Math. Applications, 25(10/11) : 35-45, 1993.

problèmes d'ordonnancement[3.22] et de nombreux problèmes d'optimisation.

REMARQUE. — *Références sur les algorithmes combinatoires de simulation.* Le lecteur trouvera s'il le souhaite une abondante littérature sur ces algorithmes de simulation, qui mettent à profit des perturbations de la stratégie gloutonne, dans le livre de Sadiq M. Sait et Habbib Youssef[3.23], qui donne l'état de l'art de cette approche. On y trouvera aussi des algorithmes de simulation de l'évolution, des algorithmes stochastiques et des algorithmes utilisant plusieurs heuristiques à différents stades du calcul. —◇

4. Théorie de la complexité

Ce chapitre est consacré au thème essentiel de l'algorithmique : *la complexité*. Il décrit les bases mathématiques de la *théorie (classique) de la complexité*.

Il est composé d'un préambule de théorie des langages, de la définition des classes P et NP, d'une démonstration de la NP-complétude d'un problème NP-complet (SAT), d'un mini-catalogue de problèmes « difficiles » et d'un petit paragraphe sur les algorithmes d'approximation.

4.1. Un peu de théorie des langages —

L'explication de la théorie de la complexité sur des bases saines, même à des non spécialistes, nécessite quelques rudiments de la théorie des langages. Nous nous en tenons aux seuls rudiments nécessaires à ce chapitre.

alphabet

Un *alphabet* est un ensemble fini de symboles (appelés lettres) ; si Σ est un alphabet, on note Σ^* l'ensemble des suites finies de lettres (les mots), y compris la suite vide (le mot vide), que l'on note usuellement ϵ. Le concaténé de deux mots est un mot, concaténer un mot α avec ϵ donne le même mot α, et la concaténation est associative : α, β, γ étant des mots, $(\alpha\beta)\gamma$ est le même mot que $\alpha(\beta\gamma)$ — ((« pa » suivi de « ta ») suivi de « te ») donne « patate » tout comme (« pa » suivi de (« ta » suivi de « te »)) ; les

---

3.22 (1) Renaud J., Laporte G., Boctor F.F., *A tabu search heuristic for the multi-depot vehicle routing problem*, Computers and Operation Research, 23 : 229-235, 1996. (2) Taillard E., *Some efficient heuristic methods for the flow shop sequencing problem*, European Journal of Operation Research, 417 : 65-74, 1990.

3.23 Sait S.M. & Youssef H., *Iterative Computer Algorithms with Applications in Engineering*, IEEE Computer Society Press, Los Alamos, California, 1999.

mathématiciens disent que Σ^* est un *monoïde*. Nous supposerons toujours pour les besoins de ce chapitre que $\Sigma = \{0, 1\}$.

En le sens le plus élémentaire, un *langage* est un sous ensemble L de Σ^* (donc pour nous un ensemble de *chaînes binaires*). La *fonction caractéristique* d'un langage L, notée χ_L (« chi indice L »),

langage

fonction caractéristique

$$\chi_L : \{0, 1\}^* \longrightarrow \{0, 1\}$$

est définie par $\chi_L(t) = 1$ si et seulement si $t \in L$, c'est-à-dire $\chi_L^{-1}(1) = L$ et $\chi_L^{-1}(0) = \Sigma^* - L$. Une *fonction semi-caractéristique* de L est une fonction X définie sur un sous-ensemble A de Σ^* contenant L, valant 1 sur L, 0 sur $A - L$ et non définie sur $\Sigma^* - A$. Parce que X n'est pas définie sur tout Σ^*, X est appelée une *fonction partielle* sur Σ^* (une fonction définie sur tout Σ^* est dite *totale*).

fonction semi-caractéristique

fonction partielle (resp. totale)

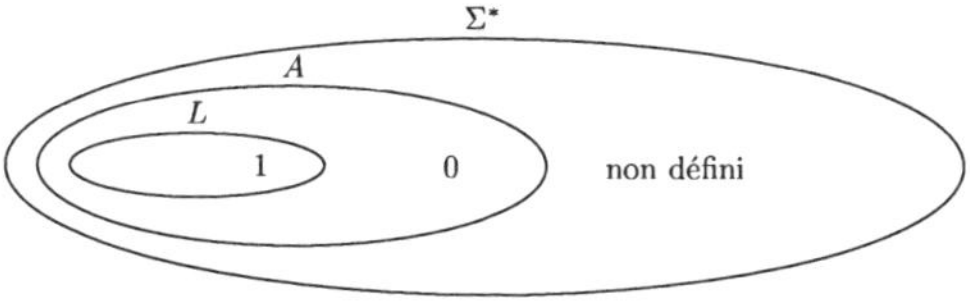

Une fonction semi-caractériostique de L

Les fonctions (partielles ou totales) sur Σ^* ne sont pas toutes « programmables » ; par là il faut comprendre qu'il en existe pour lesquelles il n'existe pas d'algorithme capable d'en calculer toutes les valeurs. Le lecteur voudra bien admettre ce fait, dont la démonstration est hors des objectifs de ce livre. Nous nous intéresserons seulement aux fonctions $\{0, 1\}^* \rightarrow \{0, 1\}$ programmables, c'est-à-dire, dans le langage technique, « calculables », même si, dans les faits, elles sont pratiquement incalculables — par exemple, si une paire d'entiers (m, n) est codée comme la chaîne binaire qui représente $2^m(2n + 1)$ en base 2,

fonctions calculables

$$f(2^m(2n + 1)) = \begin{cases} 1 & \text{si } \psi(m, n) \text{ est premier} \\ 0 & \text{autrement} \end{cases}$$

est en fait incalculable pour des raisons de complexité (ψ est la fonction d'Ackerman (paragraphe 0)), mais est néanmoins en notre sens une fonction calculable car il existe un programme qui la calcule.

La théorie des langages décrit tout un spectre de mécanismes (on dira des machines) par lesquels on définit des fonctions $\{0, 1\}^* \rightarrow \{0, 1\}$ dans une hiérarchie maintenant assez bien établie. Parmi ces machines, certaines sont dites déterministes, d'autres non. Pour bien faire comprendre ce dont il s'agit, nous explicitons d'abord cela sur le type de ces machines le plus simple : les automates.

automate déterministe

Un automate *déterministe* (sur l'alphabet $\Sigma = \{0, 1\}$) est un graphe (fini) orienté pointé (*i.e.* on y distingue un sommet, appelé « état initial ») tel que de chaque sommet part exactement une seule arête pour chaque lettre de l'alphabet, et dans lequel on marque certains états que l'on appelle finaux. Chaque chaîne binaire décrit un unique chemin commençant à l'état initial, et on associe à chaque chaîne la valeur 1 si le chemin qu'elle décrit se termine en un état final et 0 sinon ; un automate décrit donc un programme calculant une fonction $\{0, 1\}^* \to \{0, 1\}$; par exemple, si dans la figure 4.1 le sommet carré est l'état initial et les états gris sont les états finaux, alors on a un automate décrivant un programme calculant la fonction $f(u) = 1$ si et seulement si u contient un nombre impair de 0 :

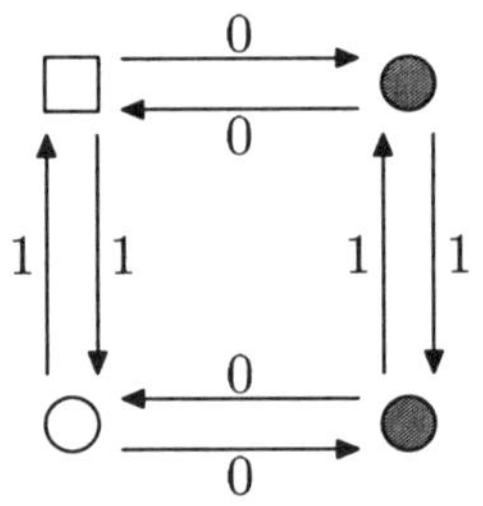

FIGURE 4.1. Exemple d'un automate déterministe.

Si par ailleurs seul le coin supérieur droit était final (en gris), on aurait un programme pour calculer « $f(u) = 1$ si et seulement si u contient un nombre impair de 0 et un nombre pair de 1 ». Le lecteur est invité à considérer tous les choix possibles d'états finaux, et à voir quelle fonction correspond à chacun de ses choix. Les automates déterministes sont omniprésents dans beaucoup d'applications (compilateurs, traitement des langues naturelles, etc.).

automate non déterministe

Un automate *non déterministe* diffère d'un automate déterministe sur un seul point : la contrainte « *de chaque sommet part exactement une seule arête pour chaque lettre de l'alphabet* » est remplacée par « *les arêtes sont étiquetées par des lettres de l'alphabet* ». Au départ d'un sommet, une même lettre peut étiqueter plusieurs arêtes, tout comme il peut y avoir une lettre qui n'étiquette aucune arête ; par exemple, dans la figure 4.2, il y a deux flèches 0 et deux flèches 1 qui quittent l'état initial a, mais aucune flèche 0 qui quitte l'état d.

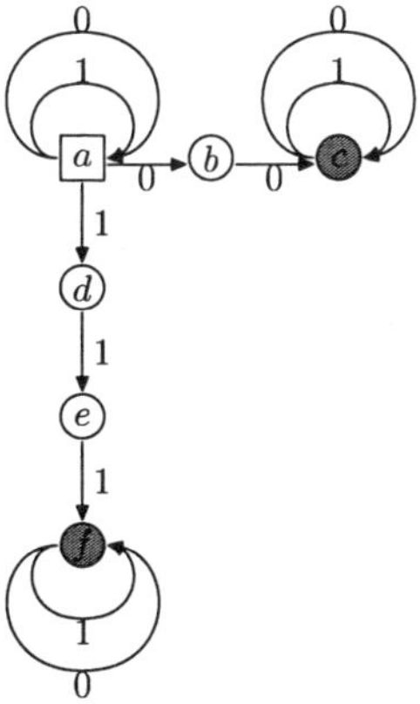

FIGURE 4.2. Exemple d'un automate non déterministe.

Pour nourrir son intuition, le lecteur peut s'imaginer que la machine décide aléatoirement, à la lecture d'une lettre qui étiquette plusieurs départs, de prendre avec une probabilité non nulle une des directions indiquées (la probabilité n'intervient pas dans ce qui suit, si ce n'est au titre qu'elle est non nulle).

Chaque chaîne binaire décrit un ensemble (éventuellement vide) de chemins qui mènent de l'état initial à certains états. Par exemple, dans l'automate de la figure 4.2, la chaîne binaire « 00 » décrit trois chemins : le chemin aaa qui boucle deux fois sur l'état initial, le chemin aab qui boucle sur l'état initial avant de le quitter pour aller en b, et finalement le chemin abc. Un automate non déterministe définit aussi une fonction $\{0,1\}^* \to \{0,1\}$: $f(u) = 1$ si et seulement si parmi tous les chemins que définit u il y en a un au moins qui arrive sur un état final (*i.e.* la probabilité d'arriver à un état final par un chemin u est non nulle). Par exemple, dans le cas de l'automate non déterministe ci-dessus, $f(u) = 1$ si et seulement si u contient deux 0 successifs ou trois 1 successifs.

Un des premiers théorèmes de la théorie des langages dit qu'une fonction $\{0,1\}^* \to \{0,1\}$ est descriptible par un automate non déterministe si et seulement si elle l'est par un automate déterministe, c'est-à-dire que ces deux types de machines ont la même puissance de calcul. Les automates (déterministes ou non) font leurs calculs en un temps linéaire. On peut donc dire, de manière assez triviale, que ces deux modèles de machines calculent en temps polynomial exactement les mêmes fonctions $\{0,1\}^* \to \{0,1\}$.

Mais cela n'est pas vrai de tous les types de machines ; entre autres, une conjecture mathématique profonde, et semble-t-il très difficile, de ce début de siècle, est que les *machines de Turing*, dont nous allons maintenant parler, ne calculeraient pas en temps polynomial les mêmes fonctions en version déterministe et en version non déterministe ; il s'agit de la célèbre conjecture « $P \neq NP$ », où « N » signifie « Non deterministe » et « P » « Polynomial ».

Une observation frappante de la théorie des langages est qu'il y a une multitude de types de machines capables de calculer des fonctions $\{0,1\}^* \to \{0,1\}$, mais que beaucoup de ces machines ont exactement la même puissance de calcul, parce qu'il semble difficile de sauter d'une puissance de calcul à une autre, comme s'il s'agissait d'une « sorte de saut quantique ». Le passage des versions déterministes aux versions non déterministes ne permet pas de changer facilement de niveau de puissance de calcul. Mais la théorie de la complexité a un regard plus fin : même si les machines de Turing déterministes calculent les mêmes fonctions que leur généralisation en machines non déterministes, elles ne semblent pas avoir la même puissance si on ajoute la contrainte « en temps polynomial ».

Pour esquisser le cœur de la théorie de la complexité, il est donc essentiel d'avoir une idée raisonnable de ce qu'est une machine de Turing.

Les machines de Turing, introduites par le mathématicien britannique Alan TURING en 1936 pour résoudre « le problème de décision »[4.1], sont considérées maintenant comme la bonne « matérialisation théorique » de la notion de procédure effective[4.2], c'est-à-dire d'algorithme. On ne peut évidemment pas montrer que les machines de Turing correspondent à l'idée

---

4.1 Turing, Alan Mathison, *On computable numbers, with an application to the Entscheidungsproblem*, Proc. Lond. Math. Soc. 42. 230-265 ; 43, 544-546.

4.2 D'autres notions équivalentes et plus intuitives ont vu le jour comme les *URM* (Unlimited Register Machine) de Shepherdson & Sturgis, [*Computability and recursive functions*, J. Assoc. Computing Machinery 10, 215-255].

intuitive correcte d'ordinateur, mais c'est une « meta-thèse » universellement admise (la thèse de Church) : chaque calcul effectif peut être simulé par une machine de Turing.

Il existe de nombreuses variations intéressantes des machines de Turing, mais elles ont toutes exactement la même puissance de calcul ; nous en présentons ici une des variations classiques, assez universellement prise comme définition dans la littérature. Une *machine de Turing* est composée : machine de Turing

(1) d'un ruban non fini constitué, du début vers la droite, d'emplacements $a_0, a_1, \dots$

(2) d'une tête de lecture/écriture capable de se positionner sur un emplacement du ruban à la fois ;

(3) d'une unité de contrôle pouvant prendre un nombre fini d'états ; on note Q l'ensemble des états. Q comprend un état distingué, appelé état initial, et certains états sont dits finaux (l'état initial peut être final). La figure 4.3 résume cette présentation.

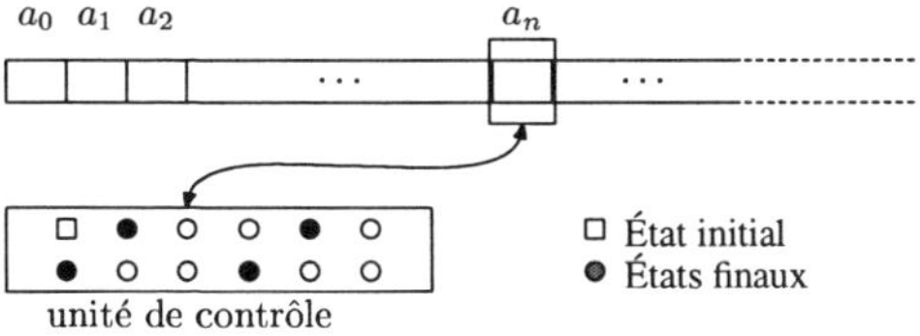

FIGURE 4.3. Une représentation schématique d'une machine de Turing.

(4) d'un alphabet $\overline{\Sigma} \supset \Sigma = \{0, 1\}$, pour écrire les résultats intermédiaires du calcul, et d'une application partielle $\tau : Q \times \overline{\Sigma} \to Q \times \overline{\Sigma} \times \{\leftarrow, \rightarrow\}$ qui décrit des opérations en fonction de certaines configurations formées (a) du symbole sous la tête de lecture/écriture et (b) de l'état dans lequel se trouve l'unité de contrôle. Par exemple, $\tau(q, x) = (q', x', \rightarrow)$ signifie que si l'unité de contrôle est en l'état q et que la tête de lecture lit la lettre x, alors l'unité de contrôle passe en l'état q', la tête de lecture écrit x' à la place de x et se déplace d'un emplacement à droite ("$\rightarrow$" signifie à droite, "$\leftarrow$" à gauche).

Au commencement d'un calcul, la donnée de départ est écrite au tout début du ruban dans un alphabet $\Sigma \subset \overline{\Sigma}$ (pour nous $\Sigma = \{0, 1\}$), les autres emplacements du ruban étant occupés par une lettre spéciale dans $\overline{\Sigma} - \Sigma$, appelée un *blanc* ($\overline{\Sigma} - \Sigma$ peut contenir d'autres lettres que le blanc).

Un calcul est constitué d'une suite d'opérations se terminant par l'arrêt de la machine, car il n'y a plus d'opérations possibles : pour certaines paires de symboles sur le ruban et d'état de l'unité de contrôle, aucun mouvement n'est prévu par τ ; d'autre part, si la tête de lecture/écriture se trouve en position a_0, et qu'il lui est indiqué d'aller à gauche, la machine s'arrête, car la tête de lecture/écriture doit toujours se trouver au dessus d'un emplacement du ruban. Au début du calcul, l'unité de contrôle est en l'état initial, et la tête de lecture au début du ruban.

Chaque machine de Turing définit naturellement une fonction partielle $f_M : \{0, 1\}^* \to \{0, 1\}$:

> « $f(u) = 1$ si et seulement si u étant écrit au début du ruban et suivi de blancs, la tête de lecture étant positionnée au début du ruban, l'unité de contrôle étant en l'état initial, alors la machine s'arrête après un certain nombre d'opérations en un état final. $f(u) = 0$ si et seulement si sous les mêmes conditions la machine s'arrête en un état non final. f est non défini en u si la machine ne s'arrête jamais. »

Une machine de Turing *non déterministe* diffère d'une machine de Turing déterministe en cela qu'étant donné un symbole sous la tête de lecture et un état de l'unité de contrôle, il peut y avoir plusieurs opérations possibles ; en termes techniques, τ n'est plus une fonction partielle mais une relation. Comme dans le cas déterministe, une machine de Turing non déterministe définit une fonction partielle $\{0, 1\}^* \to \{0, 1\}$.

La fonction partielle $\{0, 1\}^* \to \{0, 1\}$ définie par une machine de Turing *non déterministe* est décrite comme suit :

> « $f(u) = 1$ si et seulement si u étant écrit au début du ruban et suivi de blancs, la tête de lecture étant positionnée au début du ruban, l'unité de contrôle étant en l'état initial, alors il existe une suite finie d'opérations menant la machine à l'arrêt et en un état final ; $f(u) = 0$ si sous les mêmes conditions il existe une suite finie d'opérations qui arrête la machine mais jamais en un état final. Autrement, f n'est pas défini en u. »

Une machine de Turing M, déterministe ou non, définit donc naturellement un langage L_M, à savoir l'image réciproque de 1 par la fonction f_M qu'elle définit, qui en est alors une fonction semi-caractéristique (définition en page 93).

4.2. Les classes P et NP — Un *problème de décision* est une question dont la réponse est soit oui, soit non, que l'on représentera par 1 et 0.

problème de décision

Considérons par exemple le problème de l'existence d'un *circuit hamiltonien*. Soit un graphe non orienté simple, c'est-à-dire sans cycle de moins de trois arêtes, ce qui est équivalent au fait de ne contenir aucune arête qui boucle sur un sommet ni deux arêtes reliant deux fois la même paire de sommets.

circuit hamiltonien

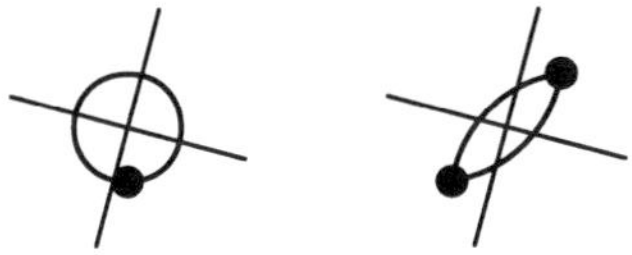

Un *circuit hamiltonien* est un cycle qui passe une seule fois par chaque sommet. Par exemple, la figure 4.4 donne un circuit hamiltonien sur l'icosaèdre.

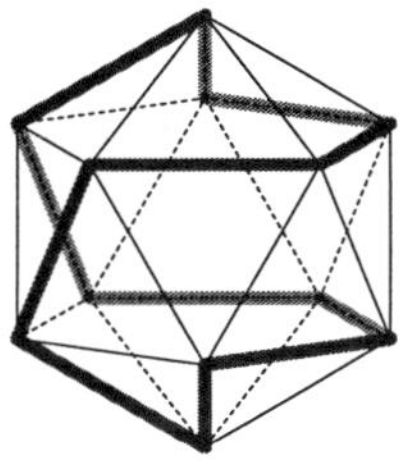

Circuit hamiltonien sur l'icosaèdre

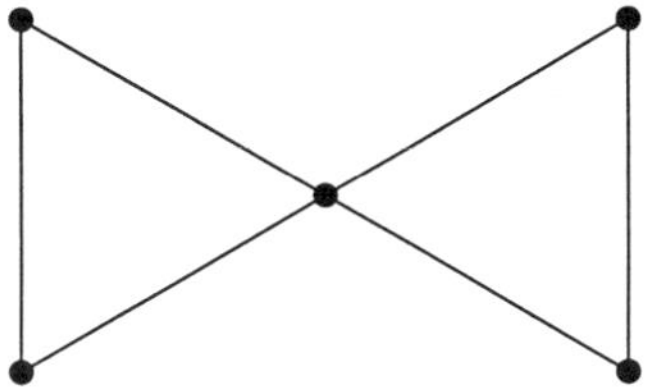

graphe sans circuit hamiltonien

FIGURE 4.4. Un circuit hamiltonien sur l'icosaèdre.

Pour n'importe quel graphe, la question « contient-il un circuit hamiltonien ? » a pour réponse soit oui (= 1), soit non (= 0).

Un graphe (non orienté simple) peut se représenter de diverses manières dans un ordinateur. Par exemple, sous la forme d'une matrice carrée (dite matrice d'incidence) dont les lignes et les colonnes sont indicées par les sommets, en convenant de mettre en position (i, j) un 1 si l'arête ij est dans le graphe, et un 0 sinon. En concaténant les lignes on obtient une chaîne binaire qui représente le graphe. Tout algorithme qui détermine si le graphe contient un circuit hamiltonien s'interprète comme une fonction $\{0,1\}^* \to \{0,1\}$.

Cet exemple décrit un principe général : une fois un type d'objets sur lequel porte la question du problème de décision représenté de façon convenue en machine (*i.e.* codé sous la forme d'une chaîne binaire que l'on peut « calculer »), tout algorithme qui résout ce problème de décision sur ce type d'objets s'interprète comme une fonction $\{0,1\}^* \to \{0,1\}$. La question qui intéresse la théorie de la complexité est de savoir si cette fonction se calcule en un temps polynomial. Dans le cas du problème des circuits hamiltoniens dans un graphe, quoiqu'on ne connaisse aucune démonstration du fait, il est universellement admis que cette fonction n'est très probablement pas calculable en temps polynomial.

Un ordinateur est modélisable en théorie comme une machine de Turing *déterministe*, si on admet qu'idéalement on peut toujours en prolonger la mémoire et l'espace disque pour satisfaire les besoins (vœu pieux !).

En imagination, rendons non déterministe un ordinateur traitant du problème de décision des circuits hamiltoniens ; supposons que dès qu'on y a codé un graphe comme une chaîne binaire x, par un « mystérieux mécanisme » s'y ajoute aléatoirement un codage y d'un circuit dudit graphe, sachant que chaque circuit possible peut y être codé avec une probabilité non nulle. Cet ordinateur devient équivalent à une machine de Turing *non déterministe* et on peut lui faire vérifier en temps polynomial si le circuit aléatoirement apparu passe par tous les sommets. Un instant de réflexion nous dit que cet équivalent d'une machine de Turing non déterministe calcule en un temps polynomial une fonction semi-caractéristique du langage des graphes possédant un circuit hamiltonien (c'est-à-dire de l'ensemble des chaînes binaires qui codent des graphes possédant un circuit hamiltonien).

L'idée de l'ordinateur non déterministe n'a rien de farfelu, qu'on se le dise ! Ce que nous avons imaginé au paragraphe précédent est exactement ce qui se passe quand, faute de trouver un algorithme convenable nous écrivons un algorithme (sous-entendu pour un ordinateur normal !) qui teste en temps polynomial des solutions qu'on lui soumet « aléatoirement » pour déterminer par nos tests si éventuellement la solution à notre problème de décision ne serait pas oui... Le « mystérieux mécanisme » du paragraphe précédent n'est alors rien d'autre que nous-mêmes avec nos essais !

Un algorithme $A(x, y)$ qui valide qu'un certain mot x est bien dans un langage en utilisant un mot test y comme preuve est appelé un *algorithme de validation*, et y est un certificat de validation. Par exemple, un algorithme capable de vérifier que dans un graphe quelconque x un circuit donné y est hamiltonien, est un algorithme de validation du problème, et un circuit y qui est hamiltonien est appelé un certificat de validation.

algorithme de validation

Il y a une multitude de problèmes de décision qu'on ne sait pas résoudre en temps polynomial mais dont on est capable de tester en temps polynomial d'éventuelles solutions. Chacun de ces problèmes définit, via un codage binaire des objets sur lesquels portent le dit problème, une fonction $\{0,1\}^* \to \{0,1\}$ qu'une machine de Turing *non déterministe* peut calculer avec un algorithme de validation exécutable en temps polynomial.

On note P la classe des problèmes de décision qu'une machine de Turing *déterministe* peut résoudre en temps polynomial, et NP la classe des problèmes de décision qu'une machine de Turing *non déterministe* peut résoudre en temps polynomial, *i.e.* des problèmes pour lesquels il existe un algorithme de validation en temps polynomial. Clairement P $\subset$ NP, mais personne ne sait montrer que cette inclusion est stricte. C'est une des grandes conjectures mathématiques de ce début de siècle.

classes de complexité P et NP

On ne sait pas non plus si le complémentaire dans $\{0,1\}^*$ d'un langage NP est NP [4.3] ; on note co-NP la classe des langages dont le complémentaire dans $\{0,1\}^*$ est NP. Tout ce que l'on sait montrer est que P $\subset$ NP $\cap$ co-NP (exercice facile), mais on ne sait pas non plus si cette dernière inclusion est stricte. Nous allons donner en fin de chapitre une liste de problèmes classiques qu'on croit être dans NP mais non dans P.

4.3. La NP-complétude — Les applications calculables $\{0,1\}^* \to \{0,1\}^*$ ont des composés qui sont calculables, c'est-à-dire que si f_1 et f_2 sont descriptibles par des algorithmes leur composé $f_2 \circ f_1$ l'est aussi. Comme la composition est associative et que l'application identité est (trivialement) calculable, les fonctions calculables forment un monoïde ; on n'en connaît que fort mal la structure.

Ce qui est par ailleurs moins évident (à première vue seulement), c'est que les fonctions calculables en temps polynomial ont des composés calculables en temps polynomial ; si f_1 se calcule en $O(n^{k_1})$, la taille de la valeur de f_1 est aussi en $O(n^{k_1})$, si bien que si f_2 se calcule en $O(n^{k_2})$, le

[4.3] $L \subset \{0,1\}^*$ est NP si le problème de décision qui consiste à déterminer si un mot quelconque est dans L est NP.

composé se calcule en $O(n^{k_1 k_2})$. Le monoïde des fonctions calculables en temps polynomial n'est guère mieux connu que le monoïde des fonctions calculables. Cependant, au regard de la théorie de la complexité, il est du plus grand intérêt.

En effet, supposons que $L_1 \subset \{0,1\}^*$ ait une fonction caractéristique calculable en temps polynomial. Alors, pour chaque fonction $f : \{0,1\}^* \to \{0,1\}^*$ calculable en temps polynomial, la fonction composée $\chi_{L_1} \circ f$:

$$\{0,1\}^* \xrightarrow{f} \{0,1\}^* \xrightarrow{\chi_{L_1}} \{0,1\}$$

est calculable en temps polynomial, et un court instant de réflexion montre que $L_0 = f^{-1}(L_1)$ a pour fonction caractéristique $\chi_{L_1} \circ f$. On dit que f réduit L_0 à L_1, ou encore que L_1 est une réduction polynomiale de L_0. Le langage L_1 apparaît alors en fait comme un quotient de L_0 calculable en temps polynomial.

On peut reformuler la même chose en termes de problèmes de décision : si un problème de décision P_0 se réduit à un problème de décision P_1, et si P_1 est décidable en temps polynomial, P_0 l'est aussi.

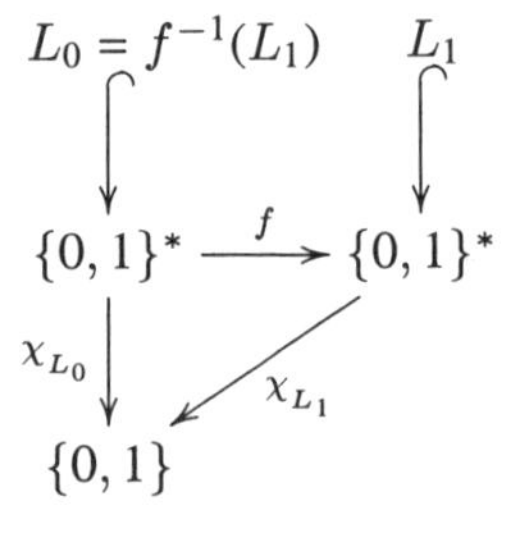

Il importe de bien comprendre ce que signifie « *f réduit L_0 à L_1* » ; dans ce cas, on a le diagramme commutatif ci-contre. Si χ_{L_0} ne peut pas se calculer en temps polynomial, clairement χ_{L_1} ne le peut pas non plus. Reformulé en termes de problèmes de décision, cela signifie : si un problème P_0 est réduit à un problème P_1, alors l'impossibilité de résoudre P_0 en temps polynomial implique l'impossibilité de résoudre P_1 en temps polynomial, ou dans un langage plus évocateur, que P_1 est au moins aussi difficile que P_0.

relation d'ordre

Rappelons qu'une *relation d'ordre* « $\preceq$ » sur un ensemble X est une relation réflexive (pour chaque x, $x \preceq x$), antisymétrique (si $x \preceq y$ et $y \preceq x$ alors $x = y$), et transitive (si $x \preceq y \preceq z$, alors $x \preceq z$). Si on n'exige pas l'antisymétrie, on parle d'une relation de préordre (on dit aussi un préordre) . Par exemple, la relation « *divise* » est une relation d'ordre sur les entiers naturels, et un préordre sur les entiers relatifs (1 et -1 se divisent mutuellement sans être égaux).

relation de préordre

La relation « être au moins aussi difficile que » qui nous concerne ici est un préordre ; en effet, les langages sur $\Sigma = \{0,1\}$ (c'est-à-dire les problèmes de décision) sont naturellement munis d'un préordre défini par « $L_0 \preceq L_1$ *s'il existe une fonction calculable en temps polynomial* $f : \{0,1\}^* \to \{0,1\}^*$ *telle que* $f^{-1}(L_1) = L_0$ », c'est-à-dire $L_0 \preceq L_1$ si et seulement si L_0 est réduit à L_1.

Un langage est dit *NP-difficile* s'il est un majorant des langages NP (pour le préordre $\preceq$) — dans un langage évocateur : il est au moins aussi difficile que tous les langages NP —, et il est dit *NP-complet* s'il est en plus dans la classe NP. Si on le redit en déployant les termes, un langage L_1 est NP-difficile si pour chaque langage L_0 qui est NP, il existe une fonction calculable (en temps polynomial) $f : \{0,1\}^* \to \{0,1\}^*$ telle que $f^{-1}(L_1) = L_0$, et il est NP-complet si en plus l'appartenance à L_1 est vérifiable en temps polynomial.

langage NP-difficile

langage NP-complet

Il est assez « miraculeux » que la « logique constructive » secrète naturellement elle-même un problème NP-complet et la démonstration de sa NP-complétude (voir le paragraphe suivant) ; celà montre *de facto* qu'il existe des problèmes NP-complets, et permet d'en découvrir toute une série d'autres parce qu'ils sont des réductions polynomiales de SAT.

Pour conclure, observons qu'il résulte immédiatement de la définition même de la classe NP que si un seul problème NP-complet était dans P, alors on aurait P = NP. En effet, étant donné un langage NP-complet L_1 dont la fonction caractéristique serait calculable en temps polynomial, si L_0 était un autre langage NP (quelconque), alors par hypothèse il existerait une fonction calculable en temps polynomial

$$\{0,1\}^* \xrightarrow{f} \{0,1\}^*, \quad \text{telle que } f^{-1}(L_1) = L_0 \,;$$

on aurait alors $\chi_{L_0} = \chi_{L_1} \circ f$, et donc χ_{L_0} serait calculable en temps polynomial, c'est-à-dire $L_0 \in$ P.

4.4. *Un problème NP-complet concret —*

4.4.1. Présentation de SAT — Une *fonction booléenne* à n variables est une application $\{0,1\}^n \to \{0,1\}$. Par exemple la négation, $\neg(0) = 1$ et $\neg(1) = 0$, la disjonction, $\vee(x,y) = \max(x,y)$, la conjonction, $\wedge(x,y) = \min(x,y)$, l'implication ($(x \Rightarrow y) = 1$ si et seulement si $x \leq y$), et « `if` x `then` y `else` z » sont des fonctions booléennes respectivement à 1, 2, 2, 2 et 3 variables.

fonction booléenne

Ces fonctions ne sont pas toutes indépendantes entre elles ; par exemple, la conjonction et l'implication peuvent se définir à l'aide de la négation et de la disjonction : $\wedge(x,y) = \neg(\vee(\neg(x),\neg(y))$ et $(x \Rightarrow y) = \vee(\neg(x),y)$ (les vérifications sont laissées en exercice au lecteur).

On peut montrer facilement que toutes les fonctions booléennes à une ou plusieurs variables sont définissables en termes de la négation et de la disjonction ; ou encore en termes de la négation et de la conjonction. Nous admettrons ces faits qui ne relèvent pas de l'algorithmique, mais qui sont d'une importance technique certaine.

circuit logique

Les *circuits logiques* sont des circuits qui prennent en entrée des signaux pouvant avoir deux valeurs, symbolisées par 0 et 1, et qui ont un nombre constant m de points d'entrée et un nombre constant n de points de sortie prenant chacune la valeur 0 ou 1 ; un tel circuit sert à calculer une fonction booléenne $\{0,1\}^m \to \{0,1\}^n$. La microélectronique réalise à très petite taille des circuits $\neg$, $\vee$, $\wedge$, « xor » (le *ou exclusif*, *i.e.* l'un ou l'autre mais pas les deux), etc. qui sont symbolisés sur les plans par

négation ($\neg$) disjonction ($\vee$) conjonction ($\wedge$) ou exclusif

circuit combinatoire

La conséquence immédiate du fait que toutes les fonctions booléennes sont définissables en termes de $\neg$ et $\vee$ (et *a fortiori* en termes de $\neg$, $\vee$, $\wedge$) est que les circuits logiques, encore appelés circuits combinatoires, qui sont des assemblages des circuits élémentaires ci-dessus, décrivent toutes les fonctions booléennes. Soit par exemple la fonction $f : \{0,1\}^3 \to \{0,1\}^2$ donnée par le tabeau 4.1 dont la valeur $(u,v) \in \{0,1\}^2$ décrit l'écriture binaire uv de la somme $x+y+z$ des trois variables x, y et z —par exemple $(1,1)$ correspond à 11, l'écriture de 3 en base 2, et 3 est le total des valeurs dans la dernière colonne. Si $\oplus$ désigne le *ou exclusif*, f peut être décrite comme $f(x,y,z) = \big(\big([(y \wedge z) \vee (x \wedge y)] \vee [x \wedge z]\big), (y \oplus z) \oplus x\big)$ et par conséquent, peut-être calculée par le circuit de la figure 4.5 ; ce circuit est un « additionneur complet » et joue un rôle fondamental dans la construction des circuits arithmétiques.

Deux circuits combinatoires peuvent calculer exactement la même fonction mais être très différents ; le lecteur pourra vérifier par exemple que $(\neg x \vee (x \wedge y)) = \neg x \vee y$ et que par conséquent les deux circuits de la figure 4.6 calculent la même fonction. Cependant, celui de droite est moins coûteux, et sa réalisation matérielle dissipe sûrement moins de chaleur, ce qui n'est pas négligeable dans la conception d'un processeur.

Cet exemple illustre un problème d'optimisation particulièrement dif-

$f(x,y,z)$	$(0,0)$	$(0,1)$	$(0,1)$	$(1,0)$	$(0,1)$	$(1,0)$	$(1,0)$	$(1,1)$
x	0	0	0	0	1	1	1	1
y	0	0	1	1	0	0	1	1
z	0	1	0	1	0	1	0	1

TABLEAU 4.1. Un fonction booléenne $\mathbb{N}^3 \to \mathbb{N}^2$ servant à additionner trois valeurs binaires.

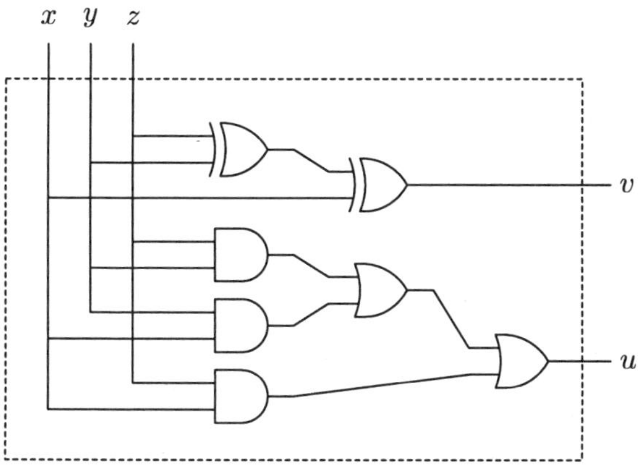

FIGURE 4.5. Un circuit booléen pour additionner trois valeurs binaires.

ficile : construire un circuit logique de coût et de complexité minimum pour effectuer une tâche donnée. Si on songe que les circuits logiques contiennent facilement des milliers de composantes, voire parfois des millions, on mesurera mieux la difficulté du problème (le recuit simulé, les méthodes génétiques, les méthodes taboues ont permis des solutions « améliorées » de ces problèmes). Déterminer si un circuit est optimum est un problème NP-difficile comme il en découle du sous-paragraphe sur la NP-complétude de SAT ci-dessous. À cette difficulté s'ajoutent celles de la disposition la plus compacte à l'intérieur d'un volume restreint et de la dissipation mini-

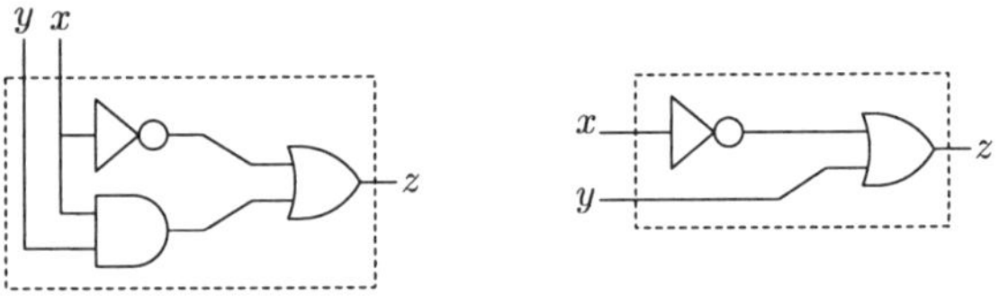

FIGURE 4.6. Deux circuits calculant la même fonction booléenne.

male de chaleur (deux problèmes d'optimisation opposés) !

Une tâche essentielle dans l'optimisation d'un circuit est la reconnaissance que deux sous-circuits définissent la même fonction, cela dans le but d'éviter les redondances, puis, par une technique de programmation dynamique, de remplacer « aux mêmes étages du circuit » les sous-circuits de fonctions identiques par un seul et même circuit de moindre coût. Comme reconnaître que deux définitions booléennes de fonctions $F, G : \{0,1\}^n \to \{0,1\}$ sont celles d'une même fonction revient à vérifier que $\neg((\neg F \vee G) \wedge (F \vee \neg G))$ est la fonction constante de valeur 0 (notation $\lceil 0 \rceil$), une tâche essentielle dans l'optimisation d'un circuit est donc de savoir reconnaître si un circuit définit la fonction $\lceil 0 \rceil$; c'est-à-dire, décider si oui ou non il existe un n-uplet $(x_1, x_2, \ldots, x_n) \in \{0,1\}^n$ sur lequel le circuit prend la valeur 1. C'est le *problème de satisfaisabilité d'un circuit logique*, noté « SAT » en théorie de la complexité.

4.4.2. SAT est NP-complet — SAT est clairement NP parce qu'on peut vérifier en temps polynomial si le circuit (*i.e.* la fonction booléenne correspondante) prend la valeur 1 sur un n-uplet qui sert de certificat de validation. Nous allons montrer que SAT est NP-difficile, et donc, NP-complet.

Soit L un langage NP. Il suffit qu'à chaque $x_0 \in \{0,1\}^*$ on associe un circuit $f(x_0)$, construit en temps polynomial par rapport à la longueur de x_0 ($|x_0|$), de telle sorte que le circuit $f(x_0)$ peut être satisfait si et seulement si $x_0 \in L$ (*i.e.* si et seulement si $f^{-1}(\text{SAT}) = L$).

Puisque L est NP, il existe une machine de Turing non déterministe qui accepte L en temps polynomial. Nous admettrons qu'une machine de Turing non déterministe est toujours équivalente à une machine de Turing non-déterministe pour laquelle seul le premier pas de calcul est non déterministe.

On suppose donc, en toute généralité, qu'il existe une machine de Turing déterministe M telle que, pour chaque x_0, il existe un $y(x_0)$ tel que

$$M(x_0, y) \overset{\substack{\text{temps}\\ \text{polynomial}}}{\longrightarrow} 1 \quad \text{si et seulement si } x_0 \in L \qquad (*)$$

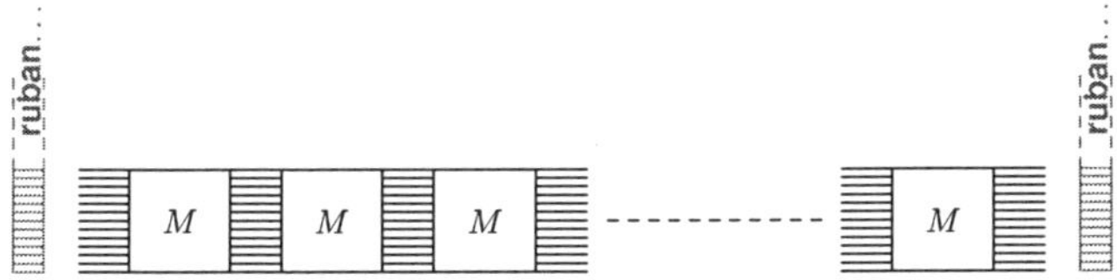

E circuits M en série: du ruban en début de calcul au ruban en fin de calcul

FIGURE 4.7. Circuit logique pour la démonstration de la NP-complétude de SAT.

Codons l'alphabet $\overline{\Sigma}$ (voir item 4 de la définition d'une machine de Turing en page 97) en chaînes binaires de longueur fixe ℓ, disons en « *ℓ-tets* » (l'analogue des « *octets* » par exemple dans le codage ascii de l'alphabet latin). Comme le calcul effectué par M se fait sur une longueur finie λ de ruban, longueur qui dépend polynomialement de $|x_0|$ (conséquence de $(*)$), on peut concevoir la machine de Turing M comme une fonction booléenne $f_M : \{0, 1\}^{\ell(\lambda+k)} \to \{0, 1\}^{\ell(\lambda+k)}$ (le k représente le nombre de ℓ-tets nécessaires pour coder la position de la tête de lecture), et cette fonction booléenne est réalisable par un circuit booléen B_M avec $\ell(\lambda+k)$ points d'entrée et $\ell(\lambda+k)$ points de sortie. Si M effectue son calcul en E étapes (E dépend polynomialement de $|x_0|$), la fonction booléenne $f_M^E = f_M \circ \cdots \circ f_M$ (E fois) associe, aux $\ell(\lambda+k)$-uplets correspondant à la portion de longueur $\ell(\lambda+k)$ du ruban de départ, la portion de même longueur du ruban en fin de calcul ; elle est réalisable matériellement comme une suite de E circuits B_M connectés en série (voir la figure 4.7). Soit $\overline{B_M}$ ce gros circuit de E copies de M en série. En toute généralité, on peut supposer que :

1- le ruban commence par un ℓ-tet réservé pour contenir la réponse finale (0 ou 1) donnée par M ;
2- qu'ensuite vient une suite de ℓ-tets assez longue, disons de longueur L, pour coder tous les certificats de validation pour x_0 ;

3- qu'ensuite vient la représentation (du codage) de x_0, puis (des codages en ℓ-tets) des blancs ;
4- qu'au début du calcul le premier ℓ-tet est initialisé à 0.

Si on fait précéder le premier circuit M de $\overline{B_M}$ par un circuit I à ℓL points d'entrée, et à $\ell(\lambda + k)$ points de sortie, qui initialise les « bits » en dehors des bits réservés aux certificats y à leurs valeurs initiales (*v.g.* la valeur de x_0 pour l'emplacement correspondant à x_0, 0 pour le premier ℓ-tet, 0 pour les autres) et transmet directement les bits correspondant à y aux points de sorties correspondants, et *si on fait suivre* le dernier circuit M par un circuit qui ne retient que le dernier bit du premier ℓ-tet, on obtient un (très gros) circuit $f(x_0)$,

a. qui est construit en temps polynomial ;
b. qui pour tout certificat de validation y provoque en sortie la valeur 1 ;
c. qui, pour toute autre valeur qu'un certificat de validation provoque en sortie la valeur 0.

Donc $x_0 \mapsto f(x_0)$ est une réduction (polynomiale) de L à SAT ; ceci complète la démonstration de la NP-difficulté de SAT, et partant, de sa NP-complétude.

4.5. Une petite liste de problèmes NP-complets — La théorie de la complexité n'a considéré jusqu'ici que des problèmes de décision. Elle s'étend aux problèmes d'optimisation en associant à chaque problème d'optimisation des problèmes de décision liés à des bornes sur la valeur à optimiser. Par exemple, si on cherche dans un graphe un chemin de coût minimum en un certain sens, on peut se demander s'il existe un chemin de coût inférieur ou égal à une certaine borne k.

Si un problème d'optimisation est facile, ses problèmes de décisions sont aussi clairement faciles, si bien que si certains problèmes de décisions sont difficiles, il en sera aussi ainsi du problème d'optimisation. On dira donc, par abus de langage, qu'un problème d'optimisation est NP-difficile (resp. NP-complet) si certains de ses problèmes de décisions sont NP-difficiles (resp. NP-complets).

Étant donné un langage NP L, dès lors que SAT $\preceq L$, il est automatique que L est aussi NP-complet puisque pour chaque langage NP L' on a $L' \preceq$ SAT $\preceq L$ d'où $L' \preceq L$. À partir de SAT, on peut montrer de cette manière que les problèmes suivants, que nous décrivons par la suite, sont NP-difficiles. Ils sont maintenant des classiques.

On trouvera dans « *Computers and Intractability : A Guide to the Theory of NP-Completeness* »[4.4] une présentation des classes P et NP et une liste impressionnante de problèmes connus comme NP-complets dès 1979, et on y trouvera toutes les références pertinentes.

Nous avons déjà présenté le problème de l'existence d'un circuit hamiltonien (page 99). Ce problème est un problème NP-complet classique. La liste suivante est loin d'être exhaustive.

4.5.1. Clique maximale — Un graphe non orienté est dit complet si chacun de ses sommets est adjacent à tous les autres. Dans un graphe non orienté, on appelle *clique* un sous-graphe complet. On appelle *problème de la clique maximale* le problème qui consiste à trouver une clique avec un maximum de sommets dans un graphe donné. Les problèmes de décision associés à une borne k sont « existe-t-il une clique d'au moins k arêtes ? » Le problème de la clique maximale est NP-difficile. clique

4.5.2. Couverture de sommet — Dans un graphe non orienté, un sous-ensemble C de l'ensemble des sommets est appelé une *couverture de sommet* si chaque arête du graphe est adjacente à au moins un sommet de C. Le problème de la couverture de sommet est de trouver une couverture de sommet de taille minimale. Les problèmes de décision associés sont « existe-t-il une couverture de sommet de taille au plus k ? ». Le problème de la couverture de sommet est NP-difficile. Ce problème est un cas particulier du problème plus général qui consiste à chercher une couverture de sommet de coût minimal après avoir attribué un coût à chaque sommet. couverture de sommet

4.5.3. Somme d'un sous-ensemble d'entiers — Étant donné un ensemble d'entiers N et une valeur S, existe-t-il un sous-ensemble de N dont la somme soit S ? Ce problème de décision est connu sous le nom de *problème de la somme d'un sous-ensemble*. Il est NP-difficile. somme d'un sous-ensemble

4.5.4. Le voyageur de commerce — Soit un graphe complet de n sommets, dont chaque arrête a un coût. Le problème est de trouver un chemin qui passe par chaque sommet une seule fois dont le coût total est minimum. C'est le problème d'un voyageur de commerce qui doit visiter un ensemble n de villes, toutes reliées entre elles par un route, en minimisant son déplacement.

[4.4] Garey, Michael R. & Johnson David S., W.H. Freeman 1979.

Les problèmes de décision associés sont « existe-t-il un circuit de coût au plus k ? ». Ce problème est NP-difficile.

4.5.5. Le problème du sac à dos — Soit un sac à dos dans lequel on ne peut mettre une charge de plus de P kilogrammes, et soit une liste d'objets de valeur dont on connaît le prix et le poids.

Prix	p_1	p_2	$\dots$	p_n
Valeur	P_1	P_2	$\dots$	P_n

Comment un cambrioleur doit-il remplir son sac à dos avec certains de ces objets pour repartir avec un butin de valeur maximale ? Les problèmes de décision associés sont « existe-t-il un choix dont la valeur est au moins k ? ». Ce problème est NP-difficile.

4.5.6. Remplissage de cartons — Soient n objets (déformables) de volume $v_1, v_2, \dots, v_n \in (0, 1]$; comment distribuer ces objets dans des cartons de volume unité de manière à utiliser un nombre minimum de cartons ? Les problèmes de décision associés sont « existe-t-il une distribution qui utilise au plus k cartons ? ». Ce problème est NP-complet.

4.5.7. La couverture d'ensemble — Soient un ensemble U de n éléments, $S = \{S_1, S_2, \dots, S_k\}$ un ensemble de sous-ensembles de U tel que $\cup_i S_i = U$, et $\gamma : S \to \mathbb{Q}^+$ une fonction coût. Le problème est de trouver un sous-ensemble de S couvrant U dont le coût total est minimal (souvent la fonction γ est simplement le cardinal, et il s'agit alors de recouvrir U avec des éléments de S en utilisant le moins d'éléments de S possible). Les problèmes de décision sont « existe-t-il une couverture de prix au plus k ? ». Ce problème est NP-complet.

Le problème suivant semble NP-difficile, mais aucune démonstration de cela n'est connue à ce jour.

4.5.8. Le problème du plus court vecteur — Soient n vecteurs linéairement indépendants dans $\mathbb{Q}^n$. Le « problème du plus court vecteur » est de trouver le vecteur le plus court parmi toutes les combinaisons linéaires à coefficients entiers $\sum_i \lambda_i a_i$. Ce problème est un problème central de la théorie géométrique des nombres. Il existe des algorithmes d'approximation (voir paragraphe suivant) de ce problème d'optimisation qui sont utilisés en géométrie effective et en cryptographie, pour factoriser en temps polynomial des polynômes à coefficients dans $\mathbb{Q}$, ou pour des problèmes d'approximation de systèmes diophantiens.

NOTE HISTORIQUE. — La classe P fut explicitement introduite dans les années 1960 par plusieurs auteurs[4.5]. La notion de NP-complétude et son étude systématique sont naturellement apparues au début des années 1970[4.6] La notion de réduction d'un problème a été donnée en 1972[4.7]. On trouvera dans le livre de Vijay V. Vazirani[4.8] une description de nombreux algorithmes d'approximations et une abondante source de problèmes et d'exercices, et un panorama de l'état de l'art sur le sujet.

4.6. Les algorithmes d'approximation — Devant un problème NP-complet, une voie raisonnable est de rechercher une solution traitable (c'est-à-dire une solution en temps polynomial) aussi voisine que possible d'une solution optimale. L'idéal est de pouvoir le faire en connaissant une borne de l'erreur commise, si possible en ayant le choix de la réduire à volonté (bien sûr cela ne peut alors se faire qu'en augmentant la complexité polynomiale de l'algorithme d'approximation).

4.5 (1) Cobham, Alan, *The intrinsic computational difficulty of functions*, Proceedings of the 1964 Congress for Logik, Methodology, and the Philosophy of Science, pp. 24-30, North-Holland. (2) Edmonds Jack, *Paths, trees and Flowers*, Canadian Journal of Mathematics, 17 : 449-467, 1965.

4.6 (1) Cook S.A., *The complexity of problem complexity procedures*, Proc. 3rd ACM Symopsium on the Theory of Computing, pp. 151-158, 1971. (2) Levin L.A., *Universal Sorting Problems*, Problemy Peredaci Informacii, 9 : 115-116, 1973. Traduction anglaise dans *problems of Information Transmission, 9 : 265-266.*

4.7 Karp R.M., *Reducibility among combinatorial problems.*, R.E. Miller & J.W. Thatcher ed., Complexity of Computer Computations, pp. 85-103, Plenum Press, New-York, NY, 1972.

4.8 Vazirani Vijay V., *Approximation Algorithms*, Springer Verlag, Berlin - Heidelberg - New-York, 2003.

Les algorithmes combinatoires simulant le recuit simulé[4.9], les algorithmes génétiques, les algorithmes de recherche taboue ainsi que les algorithmes combinatoires simulant l'évolution des espèces et les algorithmes stochastiques que nous n'avons pas présentés[4.10] sont en un sens des algorithmes d'approximation. Ce qui fait cependant l'essence des algorithmes d'approximation est l'accompagnement d'une mesure de la distance d'une solution optimale. La théorie des algorithmes d'approximation se distingue des algorithmes combinatoires de simulation en ce qu'elle s'intéresse à la structure mathématique des problèmes étudiés pour en tirer une mesure de la distance entre l'approximation obtenue et une solution optimale.

Étant donnés un problème d'optimisation et un algorithme d'approximation, S_O est une variable désignant la mesure d'une solution optimale, et S celle d'une solution pour l'algorithme d'approximation. Pour cet algorithme d'optimisation, $\rho(n)$ est une borne si pour une donnée de taille n, on a toujours max $\left|\frac{S_O}{S}, \frac{S}{S_O}\right| \leq \rho(n)$, et $\epsilon(n)$ est une borne de l'erreur relative si $\left|\frac{S_O - S}{S_O}\right| \leq \epsilon(n)$. Si par exemple la borne vaut 2, cela signifie que la solution trouvée n'excède pas le double de la solution optimale pour un problème de minimisation (ou n'est pas inférieure à la moitié de la solution optimale pour un problème d'optimisation).

Considérons le problème de la couverture de sommet (page 109). Étant donné un graphe, un *couplage* est un ensemble C d'arêtes tel que deux éléments quelconques de C ne partagent jamais un sommet. Un couplage *maximal* est un couplage qui n'est contenu dans aucun autre. Le lecteur veillera à ne pas confondre un couplage *maximum*, c'est-à-dire de taille maximum, avec un couplage maximal. Par exemple, dans le graphe $\bullet \xrightarrow{a} \bullet \xrightarrow{b} \bullet \xrightarrow{c} \bullet$, $\{b\}$ et $\{a, c\}$ sont des couplages maximaux, mais $\{b\}$ n'est pas maximum. Alors : (1) étant donnés un couplage C et une couverture de sommet S, chaque arête de C rencontre au moins un sommet de S (car S est une couverture) et deux arêtes de C ne peuvent pas rencontrer un même sommet ; il existe donc toujours une injection $C \rightarrowtail S$, d'où $|C| \leq |S|$ même si S est minimum et C maximum. (2) Étant donné un couplage maximal C_0, soit S_0 l'ensemble de ses sommets. Alors S_0 est

couplage

[4.9] Ce n'est pas une faute de style ! Il s'agit d'algorithmes simulant un algorithme qui est déjà un algorithme de simulation.

[4.10] Voir la note liminaire 3.23 page 92.

une couverture de sommet car si une arête ne rencontrait pas S_0 on pourrait l'ajouter à C_0 pour obtenir un couplage plus gros, contredisant la maximalité de C_0. Donc, en particulier, même si C_0 est un couplage maximal de taille minimale et si S est une couverture minimum, $|S| \leq 2C_0$.

Donc, si C_M est la taille d'un couplage maximum, C_m celle des couplages maximaux de taille minimale, et S une couverture minimum, on a l'encadrement $C_M \leq |S| \leq 2C_m$. La conséquence de cet encadrement et des observations ci-dessus est qu'un algorithme qui trouve en temps polynomial un couplage maximal nous fournit un algorithme d'approximation (en temps polynomial) pour le problème de couverture de sommet, dont la borne est 2.

Les lignes de spécification ci-dessous sont celles d'un algorithme calculant en temps linéaire un couplage *maximal* (note : en Pascal, « <> » signifie « non égal », et l'opérateur réunion de deux ensembles est noté « + »).

```
CouplageMaximal(A ; C)
(* A=liste de toutes les arêtes *)
(* C=arêtes du couplage *)
 ┌C :=∅ ;
 │X :=A ;
 │while X<>∅ do
 │     ┌(u,v) :=première arête de la liste X ;
 │     │C :=C+{(u,v)} ;
 │     └X :=X-arêtes adjacentes à u ou v ;
 └
```

On initialise d'abord la variable C à ∅ (liste vide), et on recopie la liste des arêtes du graphe dans une variable X. Puis, on prend la première arête de la liste X, disons (u,v), et on l'ajoute à la liste C ; ensuite, on retire de la liste toutes les arêtes adjacentes à u ou à v. On recommence ainsi jusqu'à ce que la liste X soit vide. À la sortie de l'algorithme, C est un couplage puisque par construction deux arêtes de C ne sont jamais adjacentes, et il est maximal puisque chaque arête du graphe est adjacente à au moins une arête de C et ne saurait donc être rajoutée à C pour obtenir un couplage plus gros.

Considérons maintenant l'exemple de la couverture d'ensemble (page 110 ; on garde la notation de cette page). On écrit naturellement un algorithme glouton qui en temps polynomial produit une solution approchée du problème.

Si on a déjà couvert une partie V de U en réunissant certains $S_i \in S$, on mesure « le surcoût » que représente un S_{i_0} particulier en prenant le prix moyen des éléments qu'il couvre et qui n'étaient pas déjà couverts : $s = \frac{\gamma(B)}{S_{i_0}-V}$. L'idée naturelle qui vient immédiatement à l'esprit est de démarrer avec $V = \emptyset$, puis d'« engraisser » V progressivement en lui ajoutant les S_i de moindre surcoût par rapport à la situation immédiate jusqu'à ce que U soit couvert. On trouvera à la figure 4.8 la spécification de cet algorithme en pseudo-Pascal (gamma y désigne la fonction coût).

```
CouvertureEnsemble(U,S ; C)
(* U=univers *)
(* S=ensembles des parties autorisées *)
(* C=ensemble couvrant obtenu *)
[ V :=∅ ;
| C :=∅ ;
| while V<>U do
|   [ Trouver un élément B de S de moindre
|   |     surcoût s=(gamma(B)/abs(|B-V|)) ;
|   | ajouter ce B de moindre surcoût
|   |     aux éléments de C ;
|   [ attribuer à chaque b dans B-V le surcoût s ;
[
```

FIGURE 4.8. Spécification de CouvertureEnsemble.

La ligne soulignée ne fait pas partie de l'algorithme, mais est utilisée pour montrer que la solution obtenue a un coût au plus $(1+\frac{1}{2}+\frac{1}{3}+\cdots+\frac{1}{n})\times S_O$. ($S_O$ est défini en page 112). Les sous-ensembles B qui constituent la solution C de l'algorithme sont ajoutés dans un certain ordre, disons $S_{i_1}, S_{i_2}, \ldots, S_{i_l}$. Indiçons les éléments de U qui sont couverts progressivement, disons u_1, u_2, etc., de telle sorte que l'ordre des indices soit compatible avec l'ordre d'ajout des S_{i_t} (voir figure 4.9).

À chaque itération, les éléments d'une solution optimale qui n'ont pas été ajoutés à C couvrent les éléments qui restent à couvrir avec un coût au plus S_O. Par conséquent, parmi ces ensembles il y en a au moins un de surcoût au plus $S_O/|U - C|$. Dans l'itération où un élément u_t est couvert, $U - C$ contient au moins $n - t + 1$ éléments. Comme u_t est couvert au moindre surcoût dans cette itération, le surcoût pour u_t est au plus $S_O/(n - t + 1)$. Il s'ensuit que le coût total des S_i choisis est $\sum_{t=1}^{n}(\text{coût } u_t)$, c'est à dire

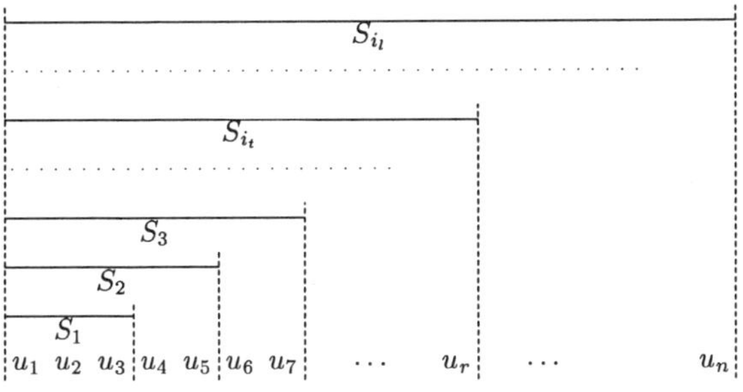

FIGURE 4.9. Couverture d'ensemble.

$(1 + \frac{1}{2} + \frac{1}{3} + \cdots + \frac{1}{n}) \times S_O$. Il est à noter que cet algorithme peut mener arbitrairement près de sa borne, comme dans l'exemple de la figure 4.10

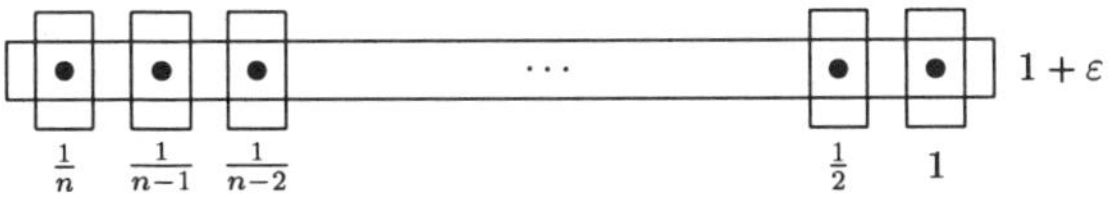

FIGURE 4.10. `CouvertureEnsemble` peut mener arbitrairement près de sa borne supérieure.

Il existe aussi un algorithme d'approximation dont la borne est le maximum des fréquences des éléments (la fréquence d'un élément est le nombre d'ensembles auxquels il appartient). Il est clair qu'aucun de ces deux algorithmes n'est meilleur que l'autre dans tous les cas. Pour chacun de ces algorithmes, on peut faire grandir la borne arbirairement en choisissant un problème adapté. On peut montrer que l'approximation en est irrémédiablement difficile (ce serait hors des objectifs de ce livre).

Les structures mathématiques en arrière plan des algorithmes d'approximation ne sont pas bien comprises et font l'objet de recherches poussées. Il y a des problèmes difficiles dont les algorithmes d'approximation sont eux aussi ... difficiles (aïe !). Mais cela va encore bien au delà des objectifs de cette *Petite Introduction à l'algorithmique*.

5. Épilogue

Nous clôturons ces pages en faisant remarquer aux lecteurs qu'il y a des pans complets de l'algorithmique que nous n'avons pas même effleurés. Chacun des paragraphe n'a fait qu'un survol de reconnaissance d'un thème.

En ce qui concerne le dernier paragraphe, sur la théorie de la complexité, indiquons au lecteur qu'il existe une approche complémentaire profonde de la complexité, liée à une branche riche de l'informatique mathématique, la *théorie de l'information*, qui est due principalement à A.N. KOLMOGOROV et G.J. CHAITIN[5.1], et dont il ne saurait être question dans cet *Opuscule*.

Puisse ce livre avoir stimulé l'appétit du lecteur, lui avoir fait découvrir un sujet jeune et vigoureux au passé lointain, et lui avoir montré un vaste horizon d'idées à débusquer.

Il faut souffler sur quelques lueurs pour faire de la bonne lumière.

René Char (1907-1988), *Les Matinaux* (Gallimard).

[5.1] L'article fondateur est : "Kolmogorov, A.N., *Three approaches to the definition of the concept 'quantity of information'*, Probl. Peredachi Inform., vol 1, pp. 3-11, 1965". On trouvera dans "Chaitin G.J., *Information, Randomness & incompleteness, (papers on algorithmic information theory)*, World Scientific Publishing Company, Singapore - New-Jersey - Hong Kong, 1987", un grand nombre de références la théorie de la complexité du point de vue de la théorie de l'information.

BIOGRAPHIES

Les pages se rapportant aux auteurs sont indiquées après leurs biographies, qui sont classées suivant les dates de naissance. Nous présentons les auteurs suivants, pour lesquels nous disposions de sources : Ackermann (10), Al-Khwārizmi (3), Catalan (9), Érathostène (2), Euclide (1), Euler (7), Fibonacci (4), Kirchhoff (10), Kolmogorov (13), Newton (8), von Neumann (14), Péter (15), Robinson (12), Segner (6), Stirling (5), Turing (17), Whitney (16), Knuth (18).

1. EUCLIDE : [vers 365 avant J.-C.–(?)] — Le plus illustre membre de l'École d'Alexandrie. On ne connaît exactement ni la date ni le lieu de sa naissance ; on ne sait pas avec certitude s'il est grec (il pourrait être égyptien, venu dans la cité coloniale grecque d'Alexandrie pour enseigner). On situe sa naissance vers 365 A.C., et son influence est déterminante à partir de 300 A.C. Il écrit, vers l'âge de 40 ans, les *Éléments*, œuvre qui, depuis la naissance de l'imprimerie, a eu plus de 1000 éditions différentes ; c'est l'œuvre de l'humanité qui est la plus étudiée après la Bible et le Coran, et est certainement le plus ancien livre scientifique encore (essentiellement) en usage ! Les *Éléments* contiennent les fondements de la géométrie et de l'arithmétique dites « élémentaires », et dans la mesure où les démonstrations souvent constructives y prennent la forme de véritables algorithmes que l'on justifie, cet ouvrage est aussi une trace lointaine de l'algorithmique moderne. On trouvera la réédition de 1819 de la traduction littérale des œuvres d'Euclide par F. Peyrard, enrichie d'une introduction de J. Itard, chez Albert Blanchard (1993). *cf.* page(s) 7 -

2. ÉRATOSTHÈNE : [Cyrène, vers 284 avant J.-C.–Alexandrie, vers 192 avant J.-C.] — Mathématicien, philosophe et astronome grec (contemporain d'Archimède) de l'École d'Alexandrie, où il est bibliothécaire. On peut le considérer comme le plus grand des géographes de l'Antiquité ; il est le premier à évaluer la circonférence de la Terre, ne se trompant que de 80 km par rapport à la circonférence (polaire) comme nous la connaissons ! Pour obtenir ce résultat, le jour du solstice d'été, il compara les angles des rayons solaires avec la verticale à Alexandrie et à Syène (Assouan). Il mena son calcul à son terme grâce à sa connaissance de la distance entre ces deux villes[6.2] qui

[6.2] par sa fonction de bibliothécaire, il connaissait les rapports topométriques des militaires, en particulier ceux d' Alexandre.

sont presque sur le même parallèle. Il s'intéressa aussi au problème de la duplication du cube, mais son nom reste surtout attaché au *crible d'Ératosthène*. *cf.* page(s) 7 -

3. AL-KHWĀRIZMI, ABŪ 'ABD ALLĀH MUHAMMAD IBN : [né vers 780 à Bagdad–mort probablement entre 835 et 845, pas après 850] — Mathématicien arabe dont on connaît fort mal la vie, il est considéré comme le plus grand mathématicien à la cour de al-Māmūm. Khwārizm désignait la mer Aral, et son nom signifie Père d'Abdullah, Mohammed, fils de Moïse, natif de Khwārizm. Sa réputation tient à ce qu'il est l'auteur du premier livre intitulé « *Algèbre* » (voir L. C. Karpinski, *Robert of Chester's Latin Translation of the Algebra of al-Khowarizmi*, New-York, 1916). Il est aussi l'auteur d'écrits arithmétiques traduits en latin par Robert of Chester ou Adelard of Bath — érudit anglais qui a, entre autre, étudié à Tolède (vers 1130) et à Tours—, sous le titre *Algoritmi de numero Indorum*, d'où l'ancien terme « *algorisme* ». Le titre de son livre d'algèbre était accompagné du sous-titre « *ilm al-jabr wa'l muqabalah* », *i.e.* « la sciences des réductions et des simplifications ». En plus de ses écrits sur l'arithmétique et de son *Algèbre*, il est l'auteur de tables d'astronomie et de travaux sur l'astrolabe. *cf.* page(s) 6 -

4. FIBONACCI, Leonardo Pisano (*i.e.* de Pise ; « Fibonacci » pour « filius Bonacci », « Bonacci » étant son réel nom de famille) : [né à Pise, vers 1170–mort vers 1250] — Il est le plus grand et le plus productif de tous les mathématiciens du Moyen Âge chrétien. À cette époque, Venise, Pise, Gênes se font une rude concurrence commerciale et financière. Son père tient une bonne position dans le monde financier, et prend son fils avec lui en Algérie à Bugia (devenu Bougie ; c'est de là que la France importait la cire pour les « bougies ») ; il y apprend l'Arabe, l'arithmétique et les mathématiques financières de l'époque ; en particulier, il découvre le calcul basé sur la notation décimale. Matériellement à l'aise, il part à la recherche de manuscrits (et probablement de relations commerciales) jusqu'en Syrie et en Égypte. De retour, il écrit vers 1202 son célèbre *Liber Abaci*, où il introduit les chiffres arabes (les sept premiers chapitres sont : « Lire et écrire les nombres dans le système arabo-hindu », « La multiplication des entiers », « L'addition des entiers », « La soustraction des entiers », « La division des entiers », « Multiplier les entiers par des fractions », « Autres opérations avec les fractions ») et en 1220 *Practica geometriæ*, où il donne les premiers rudiments de trigonométrie. En utilisant des abréviations particulières, il préfigure le symbolisme algébrique de Viète. Son nom est resté attaché à la suite $0, 1, 1, 2, 3, 5, \ldots$ que nous avons considérée au paragraphe 2.1.0 (page 47), où chaque terme est la somme des deux précédents, pour laquelle $\dfrac{u_n}{u_{n+1}}$ tend vers $\dfrac{\sqrt{5}-1}{2}$ (le nombre d'or). Il domine les mathématiques grecques et arabes, et permet à long terme les progrès de l'algèbre dans l'Italie de la Renaissance *cf.* page(s) 47 -

5. STIRLING, JAMES : [né en mai 1692 à Garden (Écosse)–mort le 5 décembre 1770 à Edimbourg (Écosse)] — Mathématicien anglais, contemporain et ami de Newton. Il est né d'une famille écossaise partisane de Jacques II et de la famille des Stuart, et ses sympathies pour la cause jacobite valurent bien des ennuis à lui-même et à sa famille. On ne sait pas s'il étudia à Glasgow ou à Edimbourg, mais il est certain qu'il étudia d'abord en Écosse avant de partir en 1710 pour le collège de Balliol à Oxford ; il y connut des difficultés pécunières par faute de soutien financier suite à ses choix politiques. En 1717, il publia *Lineæ Tertii Ordinis Neutonianæ*, où il prolonge le travail de Newton sur les cubiques et obtient des résulats divers sur les courbes (caténaires, trajectoires orthogonales). En 1717, il part pour Venise où l'attend en principe une chaire en mathématiques, mais il ne l'obtient pas pour des raisons mal connues. On le retrouve à l'Université de Padoue en 1721 au côté de Nicolas Bernoulli, puis à Londres en 1724 où il est très actif. Il est élu à la *Royal Society* (nov. 1726) avec le soutien de Newton. C'est pendant son séjour à Londres qu'il publia *Methodus Differentialis*, où il s'intéresse aux séries entières ; on y trouve son approximation asymptotique de $n!$, une étude de la fonction gamma et des propositions sur les séries hypergéométriques. Au début des années 1730, il s'intéressa aux variations des mesures de la gravitation sur la terre ; il affirma dans une note à la *Royal Society* (6 décembre 1733) que la terre n'était pas une sphère parfaite, mais une sphère aplatie. En 1735, il revint en Ecosse où il diriga la *Scotch Mining Company*. Cette dernière fonction l'occupa beaucoup et ralentit son activité scientifique. Il fut élu membre de l'Académie royale des sciences de Berlin en 1746, et en 1753, il fut contraint de démissionner de la *Royal Society* ; il était endetté et ne pouvait plus payer sa cotisation (on rapporte que sa démission lui coûta même 20£) ! *cf.* page(s) 37 -

6. VON SEGNER, ANDREAS : [né le 9 octobre 1704 à Pozsony (maintenant Bratislava en Slovaquie)–mort le 5 octobre 1777 à Halle en Prusse (Allemagne)] — Contemporain et ami d'Euler, Segner est né d'une famille d'origine allemande mais a passé 25 ans de sa vie en Hongrie. Il étudia la médecine et les mathématiques à Jena, puis pratiqua la médecine peu de temps avant de retourner à l'université de Jena où il resta ensuite comme professeur. En 1735 il fut le premier d'une suite de grands mathématiciens se terminant par Hilbert à occuper la chaire de mathématiques de Göttingen. C'est lui qui y fit construire l'observatoire entre 1743 et 1751. Il précéda Euler en mécanique des fluides et dans l'étude des turbines, introduisit et étudia la notion de tension superficielle, s'intéressa à la combinatoire. Il quitta Göttingen en 1755 avec le soutien d'Euler pour aller enseigner à Halle. Il fut membre de l'Académie des Sciences de St-Pétersbourg, de celle de Berlin et membre de la Royal Society. *cf.* page(s) 69 -

7. EULER, LEONHARD : [Bâle, 15 avril 1707–Petrograd, 18 septembre 1783] — Cet extraordinaire mathématicien suisse est un des moteurs de l'essor de l'analyse au XVIIIième siècle, mais ses contributions dans tous les autres domaines des mathématiques et de la physique de son époque sont aussi majeures. Toute sa vie, il est un travailleur acharné et curieux. Son père, qui a été élève de Jacques Bernoulli (1654-1705), lui enseigne les mathématiques, puis il étudie lui-même avec Jean Bernoulli (1667-1748). Il est non seulement le plus grand mathématicien de sa génération, mais un savant universel, étudiant la médecine, la théologie, les langues orientales, l'astronomie, la physique. Il part pour Petrograd en 1727 pour y enseigner les mathématiques et la physique. Il perd l'usage de son oeil droit en 1735, ce qui n'entame pas son enthousiasme au travail (« j'aurai moins de distractions » dit-il), puis il devient totalement aveugle, en 1766, continuant toujours inlassablement de travailler. De son vivant (*i.e.* sans compter les publications posthumes), il publia quelque 600 mémoires en sus de ses traités, trois ouvrages d'analyse monumentaux, et écrivit sur à peu près toutes les connaissances de son temps. *cf.* page(s) 69 -

8. NEWTON, SIR ISAAC : [né le 4 janvier 1643 à Woolsthorpe (Lincolnshire)–mort le 31 mars 1727 à Londres] — Il est peut-être le scientifique le plus universellement connu. La physique lui doit la théorie de la gravitation universelle, mais aussi des travaux fondamentaux en optique. Les mathématiques lui doivent l'invention du calcul différentiel, mais aussi des travaux géométriques importants (*v.g.* sur les courbes algébriques comme la classification des cubiques). Il est né d'une famille de fermiers aisés, mais illettrés. Il n'a pas connu son père, mort trois mois avant sa naissance, et le remariage de sa mère avec un ministre du culte ne fut pas une bonne affaire pour lui : il fut confié définitivement à deux ans à sa grand-mère maternelle, et ses relations avec son grand père furent froides et distantes. On connaît mal sa formation pré-universitaire, mais il semble avoir été un élève oisif et peu intéressé jusqu'à son entrée en droit à Cambridge le 5 juin 1661, laquelle faillit ne jamais avoir lieu : il fallut beaucoup de pression de la part d'un oncle et de son maître d'école (Stokes) pour que sa mère le laissât aller à l'université. C'est au cours de sa troisième année de droit, dont le programme était plus flexible, qu'il découvrit Descartes et d'autres figures intellectuelles dominantes, où il s'intéressa à la mécanique copernicienne et à Gallilée, et où il lut les travaux d'optique de Kepler. Il rassembla ses réflexions dans un livre (*Quæstiones Quædam Philosophiæ*), coiffé de la phrase : « Platon est mon ami, Aristote est mon ami, mais mon meilleur ami est la vérité ».

Son intérêt profond pour les mathématiques date de cette troisième année à Cambridge (1663-64). Il lut entre autres l'*Algebra* de Wallis et ses travaux sur les séries. Il obtint son *Bachelor's degree* en avril 1665.

L'université de Cambridge ferma au cours de l'été 1665 à cause de la peste et Newton rentra chez lui dans le Lincolnshire. Une première phase de sa vie se terminait, et commençait sa période de grande création scientifique.

Au cours de son séjour forcé dans le Lincolnshire, il posa les fondations du calcul différentiel et intégral, qu'il appelait le « calcul des fluxions ». Par des méthodes simples il unifia nombre de problèmes considérés jusqu'alors comme disjoints : calculs d'aire, calculs de tangente, longueur de courbes, détermination de maxima et minima, etc. Il écrivit son *De Methodis Serierum et Fluxionum* en 1671, mais l'ouvrage resta impublié jusqu'à sa traduction anglaise en 1736.

L'université de Cambridge réouvrit en 1667. En 1669 Barrow voulut faire connaître les travaux de Newton et envoya le manuscrit de *De Analysi* à Collins à Londres, lequel en fit part à Brounckner. Quand Barrow quitta son poste de professeur en 1669 pour entrer en religion, il demanda à ce que Newton lui succédât. Les premiers travaux et enseignements de Newton à ce poste furent en optique sur le caractère composite de la lumière blanche. Il devint membre de la *Royal Society* en 1672. Il se brouilla avec Hooke et Huygens sur la nature de la lumière (défendant son caractère corpusculaire). Sa théorie de la couleur lui valut des échanges épistolaires virulents qui le plongèrent dans une profonde dépression.

La plus grande prouesse intellectuelle de Newton est sa théorie de la gravitation universelle. Dès 1666, il avait une première version de ses trois lois du mouvement, mais la théorie s'élabora progressivement et ne ne fut connue sous sa forme définitive qu'à la publication de son *Philosophiæ naturalis principia mathematica* que Halley le persuada de publier (1687).

Newton dépensa alors beaucoup d'énergie dans des querelles entre protestants et catholiques, et en 1689, au sommet de sa gloire scientifique et de sa renommé dans la défense de l'université, convoitée par les catholiques, il se trouva à la tête de celle-ci. Sa période de grande production scientifique s'achevait, et elle se termina losqu'il quitta Cambridge en 1696 pour devenir un haut fonctionnaire britannique à la tête de l'hôtel des monnaies. Il devint président de la *Royal Society* en 1703, poste qu'il occupa jusqu'à sa mort. *cf.* page(s) 53 -

9. CATALAN, CHARLES EUGÈNE : [né le 30 mai 1814 à Bruges (Belgique)–mort le 14 février 1894 à Liège (Belgique)] — Mathématicien belge, élève et ami de Liouville. Inscrit à l'École polytechnique en 1833, il en fut exclu en 1834 pour son activisme politique d'extrême gauche, et put réintégrer l'école l'année suivante. Cette phase de difficultés à cause de ses engagements annonçait un des traits de sa carrière. Il s'installa à Paris en 1825, fut reconnu comme un étudiant brillant par tous (entre autres, premier au concours d'agrégation). C'est avec l'appui de Liouville qu'il obtint un poste d'assistant en géométrie descriptive à l'École Polytechnique après avoir enseigné à Châlon-sur-Marne. Il finit sa carrière à l'université de Liège, où il accepta une chaire en 1865, après une carrière agitée et marquée des conséquences de ses engagements politiques. Il est connu en théorie des nombres pour des conjectures difficiles[6.3], en combinatoire (nombres de Catalan) et en géométrie (surface de Catalan). *cf.* page(s) 55 -

10. KIRCHHOFF, GUSTAV ROBERT : [né le 12 mars 1824 à Königsberg–mort le 17 octobre 1887 à Berlin] — Il est un des grands physiciens du XIXième siècle, connu pour les *lois de Kirchhoff* sur les circuits électriques qu'il énonça en 1845 alors qu'il était encore étudiant, et comme père de la spectroscopie. Il s'inscrivit à l'université à 18 ans

[6.3] La principale de ses conjectures affirme que la seule solution (entière) à $x^p - y^q = 1$ est $3^2 - 2^3 = 1$. Une démonstration de cette conjecture semble avoir été découverte par Pedra Mihailescu (Congrès de l'Association Canadienne de Théorie des Nombres, mai 2004).

pour étudier les mathématiques (qui n'étaient pas aussi disjointes de la physique dans les programmes qu'aujourd'hui). En 1847 il devint *Privatdozent* (chargé de cours), et fut nommé professeur de physique à Breslau en 1850, puis à Heidelberg en 1854, où avec Bunsen, il créa la spectroscopie. Il fut le premier à analyser le spectre de la lumière des étoiles pour en déterminer la composition partielle. Ses travaux sur le rayonnement des corps chauds furent fondamentaux pour la naissance à venir de la physique quantique. Handicapé dans la force de l'âge à la suite d'un accident qui l'obligea aux béquilles et au fauteuil roulant, il dut alors pendant trois ans veiller aussi sur ses quatre enfants après le décès de sa femme Klara ; il se remaria en 1872. Sa santé alla progressivement en se détériorant et il fut finalement contraint d'abandonner son travail expérimental en 1875 ; il obtint alors une chaire de physique théorique à Berlin. Son état général l'obligea finalement à prendre une retraite prématurée en 1886. *cf.* page(s) 17 -

11. ACKERMANN, WILHEM : [né le 29 mars 1896 à Schönebecke (alors Altena, Allemagne)–mort le 24 décembre 1962 à Lüdenscheid, (Allemagne)] — Logicien allemand, élève et collaborateur de Hilbert, auprès de qui il obtint sa thèse en 1925, sur la consistance de l'arithmétique. Il est un des principaux contributeurs du formalisme, à l'origine suggéré par Hilbert, que Bourbaki choisira plus tard pour sa *Théorie des ensembles*. Il enseigna de 1929 à 1948 au lycée Arnoldinum à Burgsteinfurt et puis jusqu'en 1961 au lycée à Lüdenscheid. Il a été membre de l'Académie des sciences de Göttingen et professeur honoraire de l'Université de Münster. Il publia avec Hilbert en 1928 le célèbre *Grundzuge der theoretischen Logik*, où le problème de décision est correctement posé pour la première fois, problème dont la solution (négative) sera trouvée indépendemment par Church et Turing en 1936. On lui doit une axiomatisation de la théorie des ensembles, plusieurs théorèmes importants dont l'un sur la consistance des théories libres. Si Ackermann dut faire carrière en Allemagne au lycée, ce n'est pas faute de talent, mais vraisemblablement à la suite d'un coup de tête de Hilbert qui, après la publication de leur livre en 1928, bloqua la carrière d'Ackermann qui s'était marié contre son avis, et qui eut rapidement un enfant de ce mariage, ce qui exacerba davantage la colère de Hilbert qui jugeait la chose incompatible avec « ses devoirs envers la science » (voir *Hilbert*, par Constance Reid, Springer Verlag 1996, p. 173 : « He refused to do anything more to further Ackermann's career ; . . . the gifted young logician had to take a job teaching in a high school. . . . When sometime later, Hilbert heard that the Ackermanns were expecting a child, . . . "if this man is so crazy that he gets married and then even has a child, it completely relieves me from having to do anything for such a crazy man." »). *cf.* page(s) 3 -

12. ROBINSON, RAPHAEL MITCHEL : [né le 2 novembre 1911 à National City (Californie)–mort le 27 janvier 1995 à Berkeley] — Mathématicien américain qui travailla d'abord en analyse sur les fonctions d'une variable complexe, mais aussi dans plusieurs autres domaines des mathématiques, dont la théorie des nombres. Il découvrit entre janvier et octobre 1952 les nombres de Mersenne no 13 à 17 (pour plus de détails, voir R. M. Robinson, *Mersenne and Fermat numbers*, Proc. Amer. Math. Soc.,

5 (1954) 842-846). Il fut l'un des pionniers de l'utilisation des ordinateurs en théorie des nombres. *cf.* page(s) 8 -

13. KOLMOGOROV, ANDREY NIKOLAEVICH : [né le 25 avril 1903 dans la province de Tambov (Russie)–mort le 20 octobre 1987 à Moscou] — Il s'agit certainement d'un des plus grands et sympathiques mathématiciens du vingtième siècle. Il tient son nom de son grand-père maternel ; son père l'a abandonné et sa mère est morte en couche. Après une scolarité limitée, il travailla comme conducteur de train, et pendant ses temps libres, il s'écrivit un petit traité de mécanique newtonnienne ! Il entra à l'université de Moscou à 17 ans, avide de connaissances (métallurgie, thèse en histoire). Il mit un certain temps à trouver sa voie. Il a connu à l'université de Moscou les plus grands mathématiciens russes de son époque (P.S. Aleksandrov, D. Egorov, N.N. Luzin, V. Stepanov) et certains de ses collègues étudiants sont aussi parmi les grands (P.S. Urysohn, Y. Suslin). Stepanov enseignait les séries trigonométriques, sujet où Kolmogorov publia ses premiers résultats internationalement reconnus. Quand il finit son premier cycle à l'université de Moscou en 1925, il avait déjà publié huit articles marquants. Puis il commença son travail de recherche sous la direction de Luzin, au cours duquel il publia 18 articles ; on y trouve une version propre de la loi du logarithme itéré et des travaux de logique intuitionniste. Il noua en 1929 une solide amitié avec Aleksandrov. Ils se rendirent à Göttingen, Berlin, Munich et Paris à l'été 1931, rencontrant longuement Lévy et Fréchet. Il devint professeur à l'université de Moscou en 1931, et publia son *Grundbegriffe der Wahrscheinlichkeitsrechnung* en 1933, document fondateur de l'axiomatisation du calcul des probabilités. En 1938 un autre article fondateur sur les processus aléatoires et les chaînes de Markov ... à partir de 1935 Kolmogorov et Aleksandrov reçurent de nombreux mathématiciens dans la maison commune qu'ils possédaient ; y séjournèrent Hadamard, Fréchet, Banach, Kuratowski, et beaucoup d'autres, ainsi que des étudiants de Kolmogorov (*v.g.* Marlcev et Gelfand). Il s'intéressa à la mécanique céleste et à la mécanique des fluides au cours des années 1940 et 1950. Dans tous ces domaines ses contributions sont très importantes. Kolmogorov contribua de manière essentielle à la solution du sixième problème de Hilbert, et résolu le treizième complètement. En sus de son intérêt pour les mathématiques, Kolmogorov s'est beaucoup investi dans l'éducation des jeunes russes, élaborant des programmes scolaires, des manuels, s'investissant lui-même abondamment auprès de nombreuses classes. Il était un fin connaisseur de la poésie de Pouchkine. On doit aussi mentionner que Kolmogorov fut honoré de très nombreux prix, et fut membre des plus prestigieuses académies des sciences. *cf.* page(s) 116 -

14. VON NEUMANN, JOHN : [né à Budapest le 28 décembre 1903–mort à Washington D.C. le 8 février 1957] — L'aîné de trois enfants d'un banquier juif de Budapest, il est né János Neumann. Le nom à particule « von Neumann » vient de ce que son père fut anobli par l'empereur François Joseph en 1913. La famille von Neumann n'était pas pratiquante et était un lieu de culture et d'échange d'idées. Des gouvernantes choisies lui apprennent le français et l'allemand en bas âge, et ses parents font venir les meilleurs spécialistes comme précepteurs. Il lit le grec et le latin à huit ans. John von Neumann fut donc un enfant prodige à l'enfance choyée.

Il fait des études brillantes au lycée luthérien de Budapest où une des règles de l'Institution était explicitement le respect mutuel, la tolérance et l'ouverture aux autres. Avant même de terminer son lycée il était déjà connu dans le monde mathématique. Il avait à peine 18 ans quand il publia son premier article sur les zéros de certains polynômes minimaux, article qui lui valut le prix national hongrois Eötvös. En 1921 son père l'envoya étudier la chimie à Berlin, où il suivra entre autres des cours d'Einstein, puis deux ans plus tard, faire des études d'ingénieur chimiste à l'ETH (Zürich). Au cours de ses études, il travailla cependant aussi à un autre rêve ; l'été qui suivit sa première année à Berlin, il s'inscrivit au doctorat en mathématiques à l'université de Budapest, où il tenta dans sa thèse une axiomatisation de la théorie des ensembles développée par Cantor. Il termina brillamment ses études à l'ETH, venant de temps à autre à Budapest pour visiter sa famille. C'est en faisant ses études en génie chimique à l'ETH qu'il écrivit sa thèse et il obtint son doctorat à Budapest en 1926. À l'âge de 22 ans, il était ingénieur et docteur en mathématiques. Puis il s'intéressa à la physique quantique et alla étudier à Göttingen qui en était alors le centre. Entre 1927 et 1929 il travailla à une formalisation de la physique quantique, voyagea beaucoup et écrivit 32 articles de recherche en mathématiques : théorie des ensembles, logique, fondement, physique quantique. Il était une vedette, à la fois à cause de ses travaux et de sa personnalité chaleureuse. À la fin de 1929, Oswald Veblen lui offrit un poste d'assistant à Princeton et il devint professeur à l'Institute for Advanced Studies deux ans plus tard. Il épousa Mariette Kóvesi avant de venir aux USA ; elle lui donna son unique enfant en 1935 ; ils divorcèrent en 1937, et il épousa en 1939 une autre compatriote, Klara Dan, qui sera parmi ses premières programmatrices.

La guerre le pousse vers des activités dans le projet Manhattan à Los Alamos. Il joua un rôle important dans le développement des armes nucléaires et des missiles. C'est au cours de cette période que les besoins en calcul le conduisirent à s'intéresser au développement des premiers ordinateurs et à en spécifier l'architecture qu'ils ont encore aujourd'hui. C'est aussi pendant cette période qu'il créa la théorie des jeux et publia avec Oskar Morgenstern son livre *Théorie des jeux et comportement économique*[6.4]. Il fut conseiller du président Eisenhower, siéga à l'AEC (Commissariat à l'énergie atomique). Il mourut à 53 ans le 8 février 1956 des suites d'un cancer de la moelle osseuse. *cf.* page(s) 25 -

15. PÉTER (À L'ORIGINE POLITZER), RÓZSA : [née à Budapest le17 février 1905– morte à Budapest le 16 février 1977] — Rózsa Péter est une grande mathématicienne malheureusement méconnue, en partie parce qu'elle était une femme et qu'à son

---

6.4 von Neumann & Oskar Morgenstern, *Theory of Games and Economic Behavior*, Princeton University Press, Princeton, N.J. 1944.

époque il était alors impossible à une femme de s'imposer. Elle mérite pleinement sa place comme logicienne à côté de Gödel, Turing, Ackermann, Kleene, et comme mathématicienne, parmi les mathématiciens importants. Elle a eu le malheur de vivre à une époque très difficile où parfois survivre était déjà une victoire. Elle fut bannie par les Nazis, sans compter les difficultés rencontrées par une jeune femme indépendante d'esprit dans les turbulences sociales et politiques qu'avait précédemment connues la Hongrie. Son frère et nombre de ses collègues ont été éliminés purement et simplement par les Nazis.

Son frère aîné étudia la médecine, et son père, avocat, voulut qu'elle entreprenne des études de chimie pour qu'elle puisse être son assistante. C'est au cours de ses études de chimie commencées en 1922 à l'université Eötvös Loránd qu'elle assista aux cours de Lipót Fejér et Jósef Kürschák et découvrit sa vocation. Elle doutait alors qu'elle pût faire des mathématiques ... Elle changea néanmoins le cours de ses études. Son premier amour fut la théorie des nombres, mais elle fut déçue quand elle découvrit que ses premiers résultats avaient déjà été démontrés par Robert Carmichael et L.E. Dickson. Elle s'adonna alors à la poésie, avant de revenir vraiment aux mathématiques au début des années 1930. Elle garda jusqu'à sa mort une passion pour la poésie. Elle eut comme collègue László Kalmár, avec qui elle collabora ensuite toute sa vie, et qui attira son attention sur les travaux de Gödel sur l'incomplétude et sur les fonctions récursives. Ce fut le coup de foudre définitif et le futur centre de son activité créatrice. Après ses études de premier cycle elle survécut en faisant des heures complémentaires comme chargée de cours et en donnant des leçons particulières faute de trouver un travail.

C'est au congrès international de mathématiques de Zürich en 1932 qu'elle proposa un article présentant, en tant qu'une branche des mathématiques à développer pour elles-mêmes, la théorie des fonctions récursives[6.5]. Elle abandonna à partir de là la forme allemande de son nom et prit définitivement le nom de Péter[6.6]. Elle reçut son doctorat avec la mention *summa cum laude* en 1935, et fit partie de la rédaction du *Journal of Symbolic Logic* à partir de 1937. C'est alors que les Nazis l'interdirent d'enseignement dès 1939 et la confinèrent quelque temps au ghetto de Budapest. Malgré ces conditions très difficiles, elle réussit en 1943 à faire imprimer son « *Das Spiel mit der Unendlichkeit* » qu'elle venait d'écrire[6.7] ; ce livre a été traduit dans plus d'une

---

[6.5] Péter Rózsa, *Über den Zusammenhang der verschiedenen Begriffe der rekursiven Funktionen*, Math. Ann. 1935(110), Springer.

[6.6] D'après E. Morris et L. Harkleroad, *Recursive Function Theory's Founding Mother*, The Mathematical Intelligencer, vol 12 no 1, 1990.

[6.7] *Das Spiel mit der Unendlichkeit, Mathematik für Außenstehende*, B. G. Teubner, Leipzig, 1955.

quinzaine de langues et n'a cessé depuis d'être réédité[6.8].

Elle ne put obtenir un premier poste fixe dans l'enseignement qu'en 1945 à l'École normale à Budapest, alors qu'elle était mondialement connue comme logicienne. En 1951, elle publia son livre « *Rekursive Funktionen* » (note liminaire 0.3 page 8), traduit en anglais en 1967 (note liminaire 0.4 page 8). Son livre « *Recursive Functions in Computer Theory* »[6.9] est un classique, qui à sa sortie fut traduit en russe comme étant d'une importance fondamentale (comprendre « stratégique »). Ce n'est qu'à la fermeture de l'école normale où elle enseignait, en 1955, qu'elle put enfin avoir un poste à l'université en Hongrie (Eötvös Loránd). Cette nomination tardive montre à quel point il semblait impossible à cette époque de donner un poste universitaire à une femme[6.10] ; en 1952 elle fut la première mathématicienne hongroise à recevoir le titre de « docteur académique », en 1951 elle avait reçu le prix Kossuth pour son travail scientifique et pédagogique —elle consacra une énergie inlassable à la promotion des femmes en mathématiques en Hongrie—, et avant 1955 elle avait reçu plusieurs prix et distinctions officielles, mais ... pas de poste à l'université. Elle fut admise à l'Académie des Sciences de Hongrie en 1973 ; elle était la première académicienne.

Rózsa Péter fut une humaniste. Elle a lutté toute sa vie d'abord contre le fascisme, ensuite contre une certaine aristocratie et la nomenklatur, contre le « Kult der Genies », et pour une place juste des femmes en sciences. Elle considérait la présence des femmes en sciences comme une nécessité morale pour contrer la tendance masculine naturelle à dominer, même parfois au prix de la vérité. Elle mourut d'un cancer la veille de ses 72 ans. En août 2005 le colloque « Logic in Hungary » soulignera le centième anniversaire de naissance de Rózsa Péter et László Kalmár.

Elle fut longtemps totalement inconnue en Europe de l'Ouest. À cause de la guerre froide, il semble que la littérature mathématique sur les fonctions récursives lue dans l'Ouest se limitait aux travaux des mathématiciens occidentaux [6.11]. Son livre central sur la théorie des fonctions récursives ne fut traduit (en 1967) que 16 ans après sa parution en RDA en 1951. Le premier livre important sur les fonctions récursives en Europe de l'Ouest fut le livre de S. C. Kleene[6.12] ; il reconnut cependant lui-même peu de temps

---

6.8 Jeux avec l'infini, Éditions du seuil, 1992.

6.9 Publié chez Halsted Pr (1982).

6.10 Par exemple, dans sa biographie de Hilbert, Constance Reid relate l'énorme problème que posa l'idée d'habiliter Emmy Nœther à soutenir sa thèse (C. Reid, *Hilbert*, Springer Verlag, N.Y. 1996 ; p. 143).

6.11 MacTutor 1996a et 1996b, History of mathematics archive. `http ://www-groups.dcs.st-and.ac.uk/history/Mathematicians.Peter.html`.

6.12 Kleene, S. C., *Introduction to Metamathematics*, Princeton, NJ, Van Nostrand, 1952.

après son propre livre qu'elle avait été « the leading contributor to the special theory of recursive function »[6.13]. Cette grande dame des Mathématiques, victime du facisme, du fait d'être une mathématicienne, des conflits est-ouest et finalement d'avoir œuvré dans des voies totalement nouvelles, mérite d'être connue et reconnue. *cf.* page(s) 3 -

16. WHITNEY, HASSLER : [né le 23 mars 1907 à new-York (USA)–mort le 10 mai 1989 au mont des Dents Blanches en Suisse] — Mathématicien américain célèbre pour ses travaux en topologie algébrique et en topologie différentielle. Il obtint son doctorat de l'Université Harvard en 1932, où il travailla sous la direction de Birkhoff sur le coloriage des graphes. Il resta à Harvard jusqu'en 1952, année où il accepta une chaire à l'*Institute for Advanced Studies* à Princeton. Il est avec Whitehead un des fondateurs de la topologie différentielle. Ses contributions en intégration et sur les variétés algébriques sont aussi importantes. Il a travaillé sur la théorie des graphes et en combinatoire, historiquement ses premiers centres d'intérêt. Il est une des figures marquantes de la topologie au XX-ième siècle, et la médaille Fields René Thom lui a rendu un hommage souligné en faisant paraître un article sur sa vie et son œuvre[6.14] que le lecteur pourra lire avec plaisir. *cf.* page(s) 86 -

17. TURING, ALAN MATHISON : [né le 23 juin 1912 à Londres (UK)–mort le 7 juin 1954 à Wilmslow (Cheshire, UK).] — Mathématicien britannique, considéré comme l'un des pères de l'informatique. Une personnalité atypique et un talent précoce lui font connaître des études secondaires parfois difficiles sur le plan social mais au cours desquelles il a obtenu à peu près tous les prix possibles à ce niveau. Il entra à Cambridge en 1931 (King's college) où il lut Russel (*Introduction to Mathematical Philosophy*) et von Neumann (*Mathematische Grundlagen der Quantunmechanic*). À partir de 1933 il s'intéresse à la logique. Après son premier cycle, il s'inscrit à un cours de Max Newman sur les fondements des mathématiques (étude de Gödel et Hilbert), et ce cours restera une étape marquante pour lui. Parallèlement à ce cours, il s'intéressa au calcul des probabilités et découvrit indépendemment le théorème limite central. C'est d'abord comme probabiliste qu'il était connu à Cambridge quand en 1936 il soumit son célèbre article où il introduit les machines de Turing et montre l'indécidabilité du problème de l'arrêt (et donc que le problème de décision avait une réponse négative). La publication de cet article fut un peu épique car le logicien américain Alonzo Church venait, par une toute autre voie, de donner une réponse négative au problème de décision ; l'article de Turing fut mis en attente quelque temps. Il résulta de cet épisode qu'il alla étudier aux USA avec Church. Il s'intéressa aussi au cours de cette période aux groupes de Lie et à la théorie des groupes, et à son retour en Angleterre en 1938, à la conjecture de Riemann. Puis vint la guerre, au cours de laquelle on sollicita ses services pour travailler au décryptage des messages de la machine *Enigma* de la Luftwaffe (puis ensuite ceux

---

6.13 Bulletin of the American Mathematical Society, 58(1952), p. 270.

6.14 Thom, René, *La vie et l'œuvre de Hassler Whitney*, C.R. Acad. Sci. Paris Sér. Gé. Vie Sci. **7**(6)(1990), 473-476.

de la machine *Enigma* de la marine allemande). Après la guerre, il travailla aux travaux de conception d'un premier ordinateur. En 1948, il accepta un poste à Manchester. À nouveau intéressé par les groupes, il écrivit à cette époque les résultats qui allaient permettre à William Boone de montrer en 1957 l'indécidabilité du problème de mots. Il travailla ensuite sur la morphogénèse, la physique quantique, la relativité. On sait aujourd'hui, après le déclassement de documents classés « secret défense », qu'il travailla jusqu'à sa mort pour les services britanniques de décryptage. Turing est mort d'un empoisonnement au cyanure de potassium, l'enquête sur sa mort concluant au suicide. *cf.* page(s) 96 -

18. KNUTH, DONALD ERVIN : [né à Milwaukee le 10 janvier 1938–toujours en activité à Stanford.] — Il est le fils d'un enseignant dans une école luthérienne qu'il fréquenta et où s'enracina son amour de la musique, des mathématiques, de l'enseignement, et de manière générale, de la rigueur et du plaisir des structures intellectuelles, amour qui allait faire de lui un esthète, un homme de culture et un travailleur rigoureux. Il fit des études secondaires exceptionnellement brillantes pendant lesquelles il songea à devenir musicien. Il eut une bourse pour étudier la physique au *Case Institute of technology* à Cleveland en 1956. Mais son centre d'intérêt dériva progressivement de la physique vers les mathématiques et l'informatique, et il termina brillamment ses études de mathématiques en 1960. Il entra cette même année au *California Institute of Technology* et obtint son doctorat en 1963 (*Finite Fields and projective planes*). Au cours de son travail doctoral, il fut consultant en logiciel pour la *Burrough Corporation* (Pasadena), et dès avant la fin de son doctorat, Addison-Wesley lui demanda en 1962 d'écrire un livre sur les compilateurs. Il resta au *California Institute of Technology*, travaillant en algèbre, en combinatoire et en informatique simultanément, et poursuivant ses activités musicales comme organiste. En 1966, son travail pour Addison-Wesley sur les compilateurs avait pris de telles proportions qu'il était devenu un projet de sept volumes : son célèbre *The Art of Computer Programming*, (dont les trois premiers tomes ont été publiés en 1968, 1969 et 1973)[6.15]. Il fut nommé professeur en informatique à Stanford en 1968 où il est toujours actif comme professeur *emeritus* depuis 1993. Son nom est aussi rattaché à l'algorithme de Knuth-Bendix en calcul formel, à l'algorithme de Knuth-Morris-Pratt dans les éditeurs de texte, et à TEX [6.16], un langage de spécification typographique effectif que tous les mathématiciens utilisent et qui a révolutionné le monde des publications mathématiques. On ne compte plus ses apports importants en informatique et les nombreuses distinctions reçues au cours de sa carrière. *cf.* page(s) 25 -

---

[6.15] Voir la référence [9] dans la bibliographie.

[6.16] La typographie de ce livre a été spécifiée et exécutée en TEX.

Éléments de bibliographie

Cette bibliographie dresse une liste d'ouvrages cités au long de l'Opuscule comme référence à des compléments de connaissance sur des notions utilisées ou des thèmes abordés.

[1] Casanova Gaston, *Les séries mathématiques*, Collection Que sais-je ? (no 1567), Presses Universitaires de France, Paris, 1974.

[2] Chabert Jean-Luc, *Histoire d'algorithmes (Du caillou à la puce*, Ellipses, Paris, 2000.

[3] Cogis Olivier & Robert Claudine, *Théorie des graphes, au-delà des ponts de Königsberg*, Vuibert, Paris, 2003.

[4] Comtet Louis, *Analyse combinatoire*, Presse Universitaire de France, Collection SUP (2 vol.), Paris, 1970.

[5] Cormen T., Leiserson C. & Rivest R., *Introduction à l'algorithmique*, Dunod, Paris, 2002.

[6] Crozet J.-M. & Serain D., *Le langage* Pascal, Masson, Paris, 1980

[7] Damphousse Pierre, *Découvrir l'arithmétique*, Éditions Ellipses, Paris, 2000.

[8] Jensen K. & Wirth N., *Pascal, User manual and report*, Springer-Verlag, New-York - Heidelberg - Berlin, 1978

[9] Knuth Donald E., *The Art of Computer Programming* (3 vol.), Addison-Wesley, 2000.

[10] Lesigne Emmanuel, *Pile ou face (Une introduction aux théorèmes limites du calcul des probabilités)*, Ellipses, Paris, 2001.

[11] Sominskii B., *The method of mathematical induction*, Pergamon Press, Oxford - London - New-York - Paris, 1961.

Index

Achevé d'imprimer en avril 2005
sur les presses de Normandie Roto Impression s.a.s.
à Lonrai (Orne)
N° d'imprimeur : 050852
Dépôt légal : avril 2005

Imprimé en France